David Jacob Huber, Jana Jeske

Erfolgskurs Networking

David Jacob Huber & Jana Jeske

ERFOLGSKURS

NET

WORK

ING

**Verkaufen
ohne zu
verkaufen**

GOLDEGG
VERLAG

Umschlaggestaltung: Danni Wiebelhaus, danniwiebelhaus.de
Lektorat: Annerose Sieck
Bildrechte Autorenfoto: David Jacob Huber: Dominik Pfau;
    Jana Jeske: Foto Studio Penz

Die Autoren und der Verlag haben dieses Werk mit höchster Sorgfalt erstellt.
Dennoch ist eine Haftung des Verlags oder der Autoren ausgeschlossen. Die im
Buch wiedergegebenen Aussagen spiegeln die Meinung der Autoren wider und
müssen nicht zwingend mit den Ansichten des Verlags übereinstimmen.

Der Verlag und seine Autoren sind für Reaktionen, Hinweise oder Meinungen
dankbar. Bitte wenden Sie sich diesbezüglich an verlag@goldegg-verlag.com.

Der Goldegg Verlag achtet bei seinen Büchern und Magazinen auf nachhaltiges
Produzieren. Goldegg Bücher sind umweltfreundlich produziert und orientieren
sich in Materialien, Herstellungsorten, Arbeitsbedingungen und Produktions-
formen an den Bedürfnissen von Gesellschaft und Umwelt.

ISBN: 978-3-99060-285-0

© 2021 Goldegg Verlag GmbH
Unter den Linden 21 • D-10117 Berlin
Telefon: +49 800 505 43 76-0

Goldegg Verlag GmbH, Österreich
Mommsengasse 4/2 • A-1040 Wien
Telefon: +43 1 505 43 76-0

E-Mail: office@goldegg-verlag.com
www.goldegg-verlag.com

Layout, Satz und Herstellung: Goldegg Verlag GmbH, Wien
Printed in the EU

INHALTSVERZEICHNIS

7

VORWORT

Wir leben in einer vernetzten Welt. Und das vermutlich schon seit Menschheitsbeginn. Aus der Evolution heraus haben sich Menschen zusammengetan, zunächst um des Überlebens willen. Denn eine Gemeinschaft konnte einander auch in der Not helfen, sich gegenseitig unterstützen oder gar Leben retten. In der frühen Menschheitsgeschichte ging es bei diesen Netzwerken vermutlich vor allem um die Beschaffung von Nahrung und die Verteidigung gegen wilde Tiere oder Feinde. Ja selbst Todfeinde schlossen sich zusammen, um gemeinsam einer Gefahr zu begegnen und sie zu meistern.

Je zivilisierter die Menschheit wurde, desto feiner wurden die Netzwerke, die gesponnen wurden. Nicht immer waren sie von Vorteil, denn es gab auch Menschen, die Böses im Schilde führten. Sie fanden sich in Geheimbünden zusammen und entwickelten manchmal sogar innerhalb dieser Bünde eigene Sprachen. Genauso gab und gibt es Netzwerke, die im Grunde genommen positive, für die Gesellschaft förderliche Ziele haben. Für unsere Vorfahren war das »Netzwerken«, wie wir es heute nennen, völlig normal und selbstverständlich.

Aus diesen Netzwerken heraus entstanden auch viele Berufsvereinigungen. Früher hießen sie Stände, heute sind es die Innungen oder Berufsverbände, die Menschen zusammenführen, die in derselben Branche arbeiten oder gemeinsame Ziele haben. Diese Netzwerke sind die Sprecher der Berufsgruppen gegenüber den politischen Kräften. Sie arbeiten auch konkret mit den Regierungen zusammen, um die

Interessen ihrer Mitglieder zu vertreten. Wir wagen die Behauptung, dass jeder Mensch, egal wie alt er ist und was er beruflich macht, in irgendein Netzwerk eingebunden ist.

Das vorliegende Buch befasst sich mit einer modernen Art des Netzwerkens – und das vor allem vor dem Hintergrund des Vertriebs von Investitionsgütern und/oder hochpreisigen Dienstleistungen, die von vielen Unternehmen in durchaus vergleichbaren Varianten angeboten werden. Das Interessante ist, dass dieses »Netzwerken« in einer vernetzten Gesellschaft wichtiger denn je ist. Heute haben wir so viele Möglichkeiten, uns zusammenzuschließen und zu verbinden. Jeder hat die Möglichkeit, sich auf »Social-Media-Plattformen« zu registrieren und sich mit gleichgesinnten Menschen weltweit zu verlinken. Diese Netzwerke sind oft passiv, es sei denn, sie werden aktiv gepflegt.

Wir sind Menschen, und als solche haben wir das Bedürfnis, uns mit anderen zu verbinden und auszutauschen. Schließlich sicherte uns dies evolutionär bedingt in Krisenzeiten das Überleben. Es ist uns aber auch in schwierigen Zeiten eine soziale Stütze, wenn wir über viele Freunde oder andere Beziehungen verfügen. Im Geschäftsleben werden aus guten Kontakten manchmal Geschäftspartner oder darüber hinaus vielleicht sogar persönliche Freunde. Vermutlich jeder kennt das folgende Sprichwort: »Kontakte schaden nur demjenigen, der keine hat!« In jedem Fall ist es förderlich, mit Gleichgesinnten in seinem Umfeld in Kontakt zu sein, um gemeinschaftlich Ideen umzusetzen, sich auszutauschen, Perspektiven zu wechseln und damit kollektiv Potenzial zu entfalten.

Aber man kann auch zu viele Kontakte haben und sich verzetteln. Deshalb ist gerade im beruflichen Umfeld eine Strategie wichtig, was Bildung und Nutzung der Netzwerke anbetrifft. Es gilt zu sortieren, wann Kontakte wichtig und nützlich sind und wann sie eher eine Belastung darstellen.

Das vorliegende Buch wird sich mit diesen Strategien beschäftigen und darlegen, was gute Netzwerke wirklich bringen können. Sie erfahren, wie Sie echte Netzwerke schaffen, um für hochwertige Investitionsgüter und Dienstleistungen erfolgreich neue Kunden zu gewinnen. So ist auch zum Beispiel Businesscoaching eines dieser besonderen Güter und der Vertrieb nicht klassisch. Wussten Sie eigentlich, dass Coaching kein geschützter Begriff ist und es Coaches wie Sand am Meer gibt? Vorausgesetzt die Leistung ist professionell, wovon wir immer ausgehen, so können mithilfe eines guten Netzwerks bei solchen besonderen Gütern weitaus mehr neue Kunden gewonnen werden als mit jeder Werbeanzeige. Tauchen Sie mit uns ein in eine Geschichte, leicht lesbar und manchmal humorvoll, mit zwei Figuren, die immer wieder auftauchen werden. Dürfen wir vorstellen:

Max, Key-Account-Manager, Mitte 30, verheiratet, zwei Kinder, Penthouse-Wohnung in einem angesagten Viertel. Max hat eine geradezu typische Laufbahn vorzuweisen. Abitur, Studium mit Master-Abschluss, Trainee in einem großen internationalen Konzern, danach Junior-Verkäufer, Senior-Verkäufer, Gebietsleiter und nun Key-Account-Manager. Sein Arbeitgeber ist Marktführer in der Branche. Aus- und Weiterbildung wird im Unternehmen großgeschrieben, und so hat Max viele, viele Trainings, Vertriebsschulungen und Coachings durchlaufen. Er beherrscht die gängigen Vertriebstechniken so perfekt, dass man auch in seinem Privatleben merkt, was er beruflich macht. Er hält sich stets an die Vorgaben seines Arbeitgebers und ist in jeder Hinsicht der perfekte Verkäufer. Aber er hat noch weitere Ziele in seiner Karriere.

Moritz, Außendienstmitarbeiter, Anfang 40, geschieden, in einer glücklichen Beziehung, drei Kinder, eigenes, kleines Häuschen am Stadtrand, das er liebevoll renoviert und saniert. Moritz ist Quereinsteiger. Er hat eine handwerkliche Berufsausbildung, die er erfolgreich abgeschlossen hat, vorzuweisen. Danach folgten einige Jahre als Geselle, in denen er sich in der Abendschule weitergebildet und schließlich sogar das Fachabitur nachgeholt hat. Studiert hat er nie, denn er hat sehr früh eine Familie gegründet. Er ist in der Dorfgemeinschaft aktiv und hat viele Interessen. Er reist gern und lebt nach der Philosophie: »Ich arbeite, um zu leben und nicht umgekehrt!« Obwohl er seinen Job gern mag und ihn auch begeistert ausübt, gibt es für ihn doch noch Wichtigeres im Leben. Er steht treu und loyal zu seinem Arbeitgeber, aber seiner Meinung nach hat alles seine Grenzen. Auch er hat die vom Unternehmen vorgegebenen Schulungen besucht und sich genau angeschaut, was da so gelehrt wurde. Und das, was zu ihm passt, hat er mitgenommen. Seine Ziele im Leben sind relativ einfach beschrieben: Er möchte leben, reisen und Menschen kennenlernen. Die Vorgaben seines Arbeitgebers hält er für dehnbar. Für seinen Vorgesetzten ist er manchmal ein Albtraum, weil er eben seine eigenen Wege geht, aber sehr erfolgreich darin ist. Kurz gesagt: Er ist ein wichtiger Umsatzgarant im Unternehmen, das in der Branche zwar immer wieder durch Innovationen auffällt, aber eben nur ein mittelständisches Unternehmen mit sicheren Arbeitsplätzen ist.

Diese beiden Herren arbeiten in derselben Branche und so lassen sich gelegentliche Treffen bei verschiedenen Anlässen nicht ganz vermeiden. Da Moritz Menschen mag und gern mit ihnen arbeitet, macht er sich auch manchmal angreifbar. Das passiert Max eher selten. Er macht sein Ding genauso, wie sein Arbeitgeber das möchte, er hält sich exakt an die Prozesse und sieht und bemerkt Dinge, die rechts und links des Weges liegen, nicht.

Wir haben uns bewusst darauf verständigt, keinen Ratgeber zu schreiben. Menschen und Voraussetzungen sind so mannigfaltig und verschieden, dass ein Rat, den wir geben würden und/oder auch könnten, bei dem einen Leser goldrichtig sein kann, beim nächsten aber grundverkehrt ist. Wir finden, dass Sie dieses Buch einfach nur lesen und ihre eigenen Schlüsse daraus ziehen sollten. Das, was zu Ihnen passt, können und sollten Sie ausprobieren, dabei lernen und Ihre eigenen Erfahrungen sammeln. Wir freuen uns auf jeden Fall über Ihr Feedback. Schreiben Sie uns, was Ihnen gefällt und was Sie erfolgreich angewandt haben.

Wünschen Sie eine individuelle, persönliche Beratung? Wir stehen Ihnen gern zur Verfügung.

Ein kleiner, aber wichtiger Hinweis: Der besseren Lesbarkeit halber verzichten wir in dem Buch auf die Benennung beider Geschlechter und wählten das männliche Geschlecht. Wir hoffen, alle weiblichen Leser fühlen sich ebenso angesprochen!

HINHÖREN ODER ZUHÖREN?

Verkaufen ist eine hohe Kunst. Ich glaube, dass es keinen facettenreicheren Beruf als den des Verkäufers gibt. Da gibt es den Verkäufer im Fachgeschäft, der seine Kunden im Laden empfängt, dessen Wünsche entgegennimmt, ihm fachlich beratend zur Seite steht und im besten Falle auch einen Verkauf tätigt. Die nächste Kategorie ist der »Vertreter«, der im B2C-Geschäft seine Produkte oder Dienstleistungen offeriert. Für mich eine der höchsten Kategorien des Verkaufes, denn hier wird beinahe täglich in Kaltakquise der Kundenkontakt hergestellt, der Bedarf geweckt und der Abschluss getätigt.

> »... und dann kommt die Königsklasse des Verkaufs – der B2B-Verkauf von Investitionsgütern und hochwertigen Dienstleistungen«

Ja, und dann gibt es den B2B-Verkäufer, den Vertriebler, den Key-Account-Manager in all seinen Schattierungen. Sei es der Außendienstmitarbeiter, der in einer gewissen Routine seine Kunden ohne weitere Anmeldung besucht, dort den Bedarf ermittelt, diesen kurz mit dem Kunden abstimmt und dann weiter zum nächsten Kunden eilt. In der Regel ist der Kunde dann Fachhändler, Einzelhändler, Handwerker oder ein Dienstleistungsunternehmen, in dem die Produkte gelistet sind und ein wiederkehrender Bedarf besteht.
    Und dann kommt die Königsklasse des Verkaufs – der B2B-Verkauf von Investitionsgütern und/oder hochwerti-

gen Dienstleistungen. Der Verkäufer dieser Kategorie ist ein Fachmann, er ist bestens ausgebildet, hat im Idealfall studiert oder zumindest ein Fachdiplom, kennt seine Produkte sehr gut und muss diese im Gespräch mit dem Kunden adaptieren oder anpassen. Jeder Verkauf ist quasi ein Unikat, denn jede Anwendungssituation ist eine andere. Der Verkäufer hat oft genug ein Backoffice im Hintergrund, das in Absprache die Planung und Angebotserstellung unterstützt oder sogar übernimmt. Der Verkäufer hat die Aufgabe, den Kunden zu betreuen, den Bedarf zu ermitteln, das Angebot auszuarbeiten und letzten Endes den Auftrag zu holen.

Sein Problem ist, dass seine Produkte in der Regel vergleichbar sind. Und dass es einen Wettbewerb gibt, der ebenfalls den Verkauf platzieren kann. Das zweite Problem ist, dass er sich um jeden Auftrag quasi neu bewerben muss, auch wenn der Kunde derselbe ist und bleibt. Das dritte Problem ist, dass er sich in einem Verdrängungswettbewerb befindet, der teilweise gnadenlos ist. Er ist also auch immer auf der Suche nach neuen Kunden und somit nach neuen Geschäftsmöglichkeiten.

Und er befindet sich in einem Markt, in dem bislang noch die Geschäfte bei persönlichen Gesprächen und Verhandlungen getätigt werden. Auf der anderen Seite des Tisches sitzen nicht nur der Kunde oder Unternehmer, sondern oft auch ein Bereichsleiter, ein Einkäufer und vielleicht sogar ein Berater in Form eines Architekten, Fachplaners, Ingenieurs, Anwendungstechnikers oder was auch immer. In diesem Markt entscheidet trotz aller Fachlichkeit der Beteiligten oft genug auch das Vertrauensverhältnis oder wie man so schön sagt, das Bauchgefühl spielt bei allen Beteiligten eine wichtige Rolle.

Die Gretchenfrage ist oft genug: Wie kommt der Vertriebler (Verkäufer, Key-Account-Manager etc.) an den Kunden? Wie bekommt er überhaupt die Gelegenheit, ein Angebot abzugeben? In unserem digitalen Zeitalter kann er natürlich stunden- und tagelang im Internet recherchieren, Datenbanken bemühen oder auf Ausschreibungen antworten. Und manchmal gelingt das dann ja auch, man kommt mit dem Kunden ins Gespräch.

In meinen fast 35 Berufsjahren habe ich viele Wege kennengelernt, Kunden zu finden und mit ihnen ins Gespräch zu kommen. Aber die deutlich effektivste und beste Methode ist das Netzwerken. Das kann man in unterschiedlichsten Plattformen. Es gibt Netzwerke für Selbstständige, regionale Zusammenschlüsse und viele andere Möglichkeiten, um sich zu vernetzen. Des Weiteren kann das der Besuch einer Fachmesse sein, wo man als Teilnehmer oder Aussteller aktiv ist. Wobei die Variante »Aussteller« auch die teuerste Variante ist. Eine weitere Möglichkeit sind die Berufsverbände, die immer wieder Fachveranstaltungen oder Verbandstage veranstalten.

Erinnern wir uns an Max und Moritz. Wer sind Sie bei diesen Veranstaltungen? Was unterscheidet die beiden im Wesentlichen? Nun, beide sind Vertriebler, beide vertreiben etwas – der eine seine Produkte und Dienstleistungen und der andere oft genug auch seine möglichen Kunden. Sie fragen sich, wie das gehen soll? Das ist einfach erklärt. Max hat das Glück, dass er für ein Unternehmen arbeitet, das Marktführer ist und das jeder in der Branche kennt. Das Unternehmen hat einen hervorragenden Ruf und oft genug können die Kunden gar nicht anders, als bei ihm zu kaufen. Auch wenn sie keinerlei persönliche Bindung oder Beziehung aufbauen. Und wehe, es gibt einen vergleichbaren Wettbewerber, dann ist Max weg vom Fenster, dann hat er den Kunden erfolgreich »vertrieben«!

Aber was macht er denn falsch? Max ist hervorragend ausgebildet, er verfügt über eine exzellente Kenntnis seiner Produkte und Dienstleistungen. Fachlich kann ihm niemand etwas vormachen – und genau das ist sein Verhängnis. Er ist von seiner Fachlichkeit so überzeugt, dass er im Gespräch mit den Kunden zwar hinhört, aber nicht zuhört. In vorbildlicher Manier ermittelt er den Bedarf des Kunden, bekommt unglaublich viele Informationen, die oft genug eben nichts mehr mit dem Produkt oder der Dienstleistung zu tun haben. Und genau diese Informationen nimmt er nicht wahr, registriert sie nicht und baut dadurch eine Barriere auf.

Ein Beispiel aus meiner Erfahrung: Ich durfte einen Kollegen, einen Max, eine Zeit lang im Außendienst begleiten und betreuen. Er hatte einen Neukunden gefunden, und so sind wir beide gemeinsam nach Frankfurt gefahren, um diesen Kunden kennenzulernen. Und obwohl es ein sehr großes Unternehmen war, hat uns der Bereichsleiter allein empfangen. In seinem Büro, in dem das Gespräch stattfand, stand ein riesiger, toll gepflegter Benjamini-Baum. Mein Kollege sieht den Baum und ergeht sich in Lobeshymnen über ihn. Der Kunde daraufhin: »Der gehört unserem Vorstand, der steht einfach hier und ich hasse ihn!« Ups – das war wohl nix.

Trotzdem kam ein Gespräch in Gang, und obwohl ich es nicht in meiner Absicht lag, sprach der Kunde immer häufiger mich an, suchte immer wieder Augenkontakt mit mir und hörte meinem Kollegen gar nicht mehr zu. Der war vollauf damit beschäftigt, die Kompetenz unseres Arbeitgebers zu präsentieren – doch das interessierte den Kunden gar nicht mehr. Ein Satz, nebenbei geäußert, bestätigte mir das. »Wissen Sie, ich weiß ja, dass Sie gut sind, deshalb sind Sie ja da.« Mein Kollege hörte das und legte erst richtig los zu vermitteln, wie großartig wir doch seien.

Irgendwann sah der Kunde mich an, während mein Kollege sprach, und fragte mich: »Sagen Sie mal, wie ist das so, wenn man Urlaub am Arlberg macht?« Ich hatte registriert, dass er an einem Pin an meinem Revers erkannte, dass ich des Öfteren da bin. Mein Kollege fiel aus allen Wolken – und machte einen weiteren Fehler. Statt die Frage zu respektieren und meine Antwort abzuwarten, riss er das Gespräch wieder an sich und langweilte den Kunden weiter. Ganz ehrlich: Hätten wir nicht genau die Lösung, die der Kunde brauchte, im Angebotskoffer gehabt, wir hätten den Auftrag nie bekommen. Und irgendwann war auch ein Wettbewerber soweit, dass er dieselbe Leistung anbieten konnte. Was dann geschah, brauche ich nicht zu sagen, oder?

FAZIT: Vertriebler neigen oft genug zum Vertreiben! Nur wer zuhört, statt hinzuhören, wird auf Dauer gewinnen. Geschäfte werden durch Beziehungen nachhaltig.

Übrigens – ich habe zu diesem Kunden heute noch, nach über 15 Jahren, eine gute Beziehung.

Volle Kraft voraus! Oder lieber doch nicht? Beziehungsweise …

Was war passiert im Gespräch? Kennen Sie das Eisbergmodell nach Sigmund Freud? Er war Begründer der Psychoanalyse. Mit dem Eisbergmodell veranschaulichte er auf eindrückliche Weise, wie sich unbewusste Faktoren auf unser Denken, Fühlen und Verhalten auswirken. Genau in der Reihenfolge. Denn was wir denken, lässt uns fühlen, und danach verhalten wir uns. Es knüpft also an unsere (meist unbewussten) Prägungen und Erfahrungen an. In der Kommunikationslehre zeigt das, warum so manche Kommunikation ins Leere läuft oder gar zu Konflikten führt.

Bewusst zeigen wir nach dem Freudschen Eisbergmodell nur 20 % unserer Persönlichkeit im Kontakt mit anderen. Und damit sind auch bei unserem Gegenüber nur 20 % seiner Persönlichkeit sichtbar. 80 % unserer Persönlichkeit bleiben jedoch verborgen.

Sichtbar ist also die Sachebene: Inhaltliche Standpunkte, Zahlen, Fakten, Worte. Unsichtbar bleiben oft: Bedürfnisse, Werte, Vermeidungsverhalten, Angst, Ärger, Kränkungen, Misstrauen, Mut, Vertrauen usw. Letztere sind jedoch folglich der Grund für unser Verhalten und die Ergebnisse oder Missverständnisse – und damit auch für Erfolglosigkeit oder Unzufriedenheit. Wie also soll das Gegenüber dann erkennen, was uns bewegt? Richtig, durch eine klare Kommunikation. Und die bekommt nun mal nicht jeder in die Wiege gelegt.

Wie steht es nun um unseren Max: Wie selbstreflektiert ist er in seinem eigenen Handeln und Verhalten? Hat er die Fähigkeit, in seinem Kunden die (unsichtbare) Beziehungsebene zu erkennen? Kann er seinem Kunden nicht nur zuhören, sondern auch Fragen stellen, um dessen Motive, Überzeugungen, Denken und Emotionen herauszufinden, um so zu ihm eine echte, nachhaltige Beziehung herzustellen? Möglicherweise war sein Kunde nur gelangweilt von dem Redeschwall. Vielleicht fehlten dem Kunden aber auch ähnliche Überzeugungen und folglich Vertrauen in ihn, weshalb er sich abwandte. Eine Emotion erfolgt dann oft ebenso unbewusst.

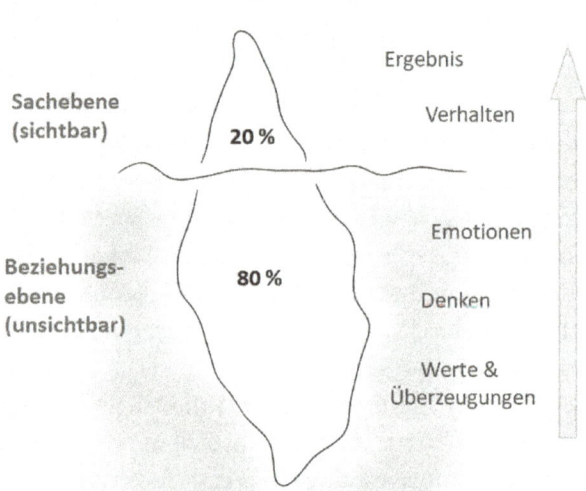

Eisbergmodell

nach Sigmund Freud

Sachebene
(sichtbar)

20 %

Ergebnis

Verhalten

Beziehungs-
ebene
(unsichtbar)

80 %

Emotionen

Denken

Werte &
Überzeugungen

Viele Menschen sind der Überzeugung, dass es ausreicht, sich auf der Sachebene zu verstehen. Kennen Sie den Spruch: »Es gibt keine Probleme auf der Sachebene – entweder hast du ein Beziehungsproblem oder du hast gar kein Problem«? Missverständnisse auf der Sachebene lassen sich in den meisten Fällen schnell und emotionsfrei klären. Wenn man also dieselben Prägungen auf der Beziehungsebene hat und es sich nur um ein sachliches Missverständnis handelt, kann das gelingen. Ist dies nicht der Fall, sollten wir unseren Gesprächspartner erst einmal abholen. Dazu benötigen wir Offenheit und Kommunikationsfähigkeit. Denn wenn es uns nicht gelingt, zu unserem Gesprächspartner Vertrauen und gegenseitige Sympathie aufzubauen, bleibt eine nachhaltige Beziehung und Zusammenarbeit ohne Erfolg.

#1 Coach dich selbst – das Eisbergmodell

Es gilt also immer wieder herauszufinden:

- Welche Motive hat mein Gesprächspartner?
- Welche Gefühle schwingen bei meinem Gesprächspartner (unbewusst) mit?
- Welche Motive habe ich selbst?
- Welche Gefühle schwingen bei mir mit?
- Wie kann ich Diskrepanzen kommunizieren oder meinen Gesprächspartner mit seinen Gefühlen und Motiven respektvoll und kommunikativ abholen, sodass er sich verstanden fühlt und Vertrauen entwickelt?
- Habe ich am Ende eine echte Beziehung geschaffen?

SUPPENKOMA

Ich möchte Sie auf eine kleine Diensteise mitnehmen. Wir fahren nach Dresden. Dresden ist eine wunderschöne Stadt an der Elbe. Ein Geschenk der Geschichte an Deutschland, dass diese wunderschöne, geschichtsträchtige Stadt frei ist und in so wunderbarer Weise wiederaufgebaut wurde. Und dort, mitten in der sanierten Altstadt, in Sichtweise zur Frauenkirche, findet ein Kongress statt. Es ist ein anspruchsvolles Programm über zweieinhalb Tage und beginnt am Mittwoch mit der Anreise und einem kleinen, aber feinen Empfang. Der Kongress wird von einer interessanten Fachausstellung begleitet. Zahlreiche Unternehmen haben sich einen Stand gemietet, um dort ihre Kunden zu empfangen und neue kennenzulernen.

Max und Moritz sind auch auf dem Weg. Beide haben sich auf ihre Art und Weise vorbereitet. Beide haben vorab vom Veranstalter die Teilnehmerlisten bekommen und sie auf ihre Art und Weise bearbeitet. Max hat sich die Liste angesehen und die Teilnehmer in mehrere Gruppen klassifiziert. Verärgert stellt er fest, dass gut 30 % davon Kollegen, also Vertriebsmitarbeiter der verschiedenen Firmen sind. Ein weiterer Teil sind Referenten, Politiker und Pressemitarbeiter, auch die sind für ihn uninteressant. Die Zahl der Branchenteilnehmer ist relativ gering und darüber ärgert er sich.

Moritz hat sich auch über die Liste hergemacht, sie genau geprüft und sich vor allem die Liste der Vertriebskollegen angesehen. Und dann hat er sich seine Unterlagen und Dateien angesehen und sich gleich eine Liste der Kollegen, mit denen er sprechen will, vorbereitet. Natürlich hat er sich auch die Liste der Branchenteilnehmer angesehen und dabei einige interessante Namen gefunden und sich eine zweite Liste gemacht. Dort hat er auch die Hintergrundinformationen über die Firmen eingetragen und mit der anderen Liste verknüpft. Und er hat sich notiert, für welche Fachforen sich »seine« Wunschkunden angemeldet haben.

Der erste Kongresstag ist vollgestopft mit Fachforen, Vorträgen und Diskussionsrunden. Ein Tag des Informierens und Informiertwerdens. Max steht wie immer top gestylt an seinem Stand und arbeitet an seinem Laptop, feilt noch an seinem Vortrag, den er am Nachmittag halten soll. Aufgeregt diskutiert er mit dem Veranstalter über die Position seines Vortrages. Denn er steht im Fachforum erst an zweiter Stelle, aber da er sich eine neue Einleitung hat einfallen lassen, will er unbedingt als Erster den Vortrag halten. Außerdem bekommt der erste Vortrag immer die meiste Aufmerksamkeit, so argumentiert er.

Moritz hingegen ist gar nicht an seinem Stand anzutreffen. Er eilt mit seinem Notizblock in der Hand von einem Vortrag zum anderen und interessiert sich für die Inhalte der Redner. Aber so kommt er seinem Ziel, bestimmte Teilnehmer kennenzulernen, näher, er kann einen Namen nach dem anderen abhaken und lernt eine Menge Menschen kennen, schließt Kontakte, ohne dass er sein Unternehmen in den Vordergrund spielen muss.

Dann kommt die Mittagspause. Max hat sich sein Essen schon vorher gesichert, steht nun an seinem Stand und harrt der Dinge, die da passieren werden. Er erwartet die Besucher an seinem Stand, aber die kommen nicht. Komisch, alle sehen doch, dass er sich mit Kunden unterhalten möchte. Je mehr Zeit vergeht, desto ungehaltener wird er. Das darf doch nicht wahr sein! Was bilden sich diese Menschen hier eigentlich ein!

Moritz hingegen arbeitet hochkonzentriert daran, seinen Plan abzuarbeiten. Er spricht mit vielen Menschen über dies und das, und langsam bedauert er, dass die Pause so kurz ist. Er muss ein wenig auf die Zeit achten, denn gleich wird auch er einen Fachvortrag halten. Der Veranstalter hat ihn informiert, dass es eine Änderung im Plan gegeben hat und er nun als Zweiter dran ist. Als ihn dafür eine Entschädigung angeboten wird, lacht er und erklärt freundlich, dass es ihm eigentlich egal sei, wann er dran sei.

Entspannt betritt er wenig später den Saal, in dem sein Vortrag stattfinden wird, macht einen kurzen Technikcheck, und schon mischt er sich wieder unter das Publikum. Langsam füllt sich der Raum und pünktlich beginnt der Moderator mit der Begrüßung und Vorstellung der Referenten. Er weist auf die Programmänderung hin, die einige der Teilnehmer mürrisch zur Kenntnis nehmen, denn nun verpassen sie einen Vortrag in einem anderen Forum, den sie auch hören wollten. Einige stehen sogar auf und verlassen den Raum. Und so nimmt ein echt skurriler Nachmittag seinen Lauf.

So, und nun stellen sie sich Folgendes vor: Ein Saal, gefüllt mit rund 80 Menschen, die völlig unterschiedliche Interessen besitzen und die sich wie ich auf das Programm vorbereitet haben und eigentlich einen anderen Vortrag hören wollten. Erschwerend hinzu kommt, dass sie alle ziemlich müde sind, denn der Vorabend war lang und kaum einer hatte richtig ausgeschlafen. Am Vormittag hatten die Teilnehmer auch schon in Vorträgen und Diskussionsrunden teilgenommen, das gerade eingenommene Mittagessen machte zusätzlich müde und die Luft war nicht die beste im Raum.

Dann betritt Max die Bühne, man merkt ihm seine Aufgeregtheit deutlich an. In einer monotonen Singsangstimme stellt er sich vor – er hatte übrigens drei! Vornamen und zwei! Familiennamen, die er auch brav nannte. Der Hammer aber ist der zweite Satz in seinem Vortrag:

»Meine Damen und Herren, es ist nun meine Aufgabe,
Sie aus dem Suppenkoma zu holen, das traditionell nach einem
anstrengenden Vormittag und einem so leckeren Mittagessen
eintritt. Da ist man doch müde und möchte am liebsten schlafen,
nicht wahr? Aber davor werde ich Sie bewahren. Sie erfahren
heute wichtige Neuheiten zum Thema »Mehrnutzerverträge
im Kabel-TV – ein echter Vorteil für Ihre Kunden!«

Erwartungsvoll blickt er in die Runde und sieht – gelang-
weilte Gesichter. Nach zehn Minuten folgt keiner der Teilnehmer mehr seinen Ausführungen, einige beginnen mit
ihren Smartphones zu spielen oder in den Unterlagen auf
dem Tisch zu lesen oder zu zeichnen. Seine Begeisterung und
Aufregung kann keiner im Raum nachvollziehen. Aber sie
scheint so groß zu sein, dass er entgegen den Vereinbarungen
sogar noch sechs Minuten überzieht.

»Meine Damen und Herren, das mit dem
Suppenkoma war wohl nix, oder?«

Und nun kommt Moritz an die Reihe. In Gedanken hat er
seinen Vortrag schon gekürzt und ist froh, dass alle Teilnehmer geblieben sind und sogar einige dazukamen. Moritz
improvisiert, verzichtet auf eine lange Vorstellung und sagt
nur trocken:
    *»Meine Damen und Herren, das mit dem Suppenko-
ma war wohl nix, oder?«* Die ersten Leute sehen erstaunt
hoch, Max wird rot im Gesicht. *»Meinen Namen sehen Sie
in Ihrem Programm, das Thema des Vortrages auch. Was
machen wir nun? Schlafen wir gemeinsam weiter oder wollen Sie das hören, was ich gern sagen möchte?«*
    Pause – zehn Sekunden, 20 Sekunden, 25 Sekunden –

dann sagte der Erste: »Lass hören!« Das war genau das, worauf er gewartet hat. Schnell blättert er die Seiten der Präsentation, in der das Unternehmen vorgestellt wird, mit der Bemerkung durch: »Uns kennen Sie ja, das muss ich jetzt nicht alles sagen«, um dann weiter mit einem echten Fall aus der Notrufzentrale einzusteigen. Die Leute hören zu. Interessiert und aufmerksam. Nach 20 Minuten ist Moritz fertig – die Zeit war wieder eingeholt. »Danke für die Aufmerksamkeit und bis später.«

Nach der Vortragsrunde ist Pause. Die Referenten gehen wieder zu ihren Ausstellerständen und finden völlig unterschiedliche Situationen vor. An einem Stand ist gähnende Leere, an anderen Ständen stehen viele interessierte Teilnehmer und informieren sich, vereinbaren Termine oder fordern Informationen an.

FAZIT DES TAGES: Nehmen Sie sich nie zu wichtig! Versuchen Sie nicht, witzig zu sein, wenn Sie nicht witzig sind.

VERBANDSTAGE FÜR KEY-ACCOUNT-MANAGER – SEGEN ODER FLUCH?

Ein wunderschöner Frühlingstag neigt sich dem Ende zu. Am Horizont geht die Sonne unter, während die Menschen noch auf der Terrasse des Tagungshotels stehen, der Livemusik lauschen und sich dabei angeregt unterhalten. »Get together« nennt man das. Der Verbandstag ist nun offiziell zu Ende. Der Veranstalter hat Freibier angekündigt, und das »Fingerfood-Büffet« wird gerade aufgefahren, während die Aussteller in großer Eile ihre Messestände abbauen. Alle Aussteller? Nein, da sind noch ein paar Key-Account-Manager, die gut gelaunt auf der Terrasse stehen, Bier oder andere Getränke für ihre Gesprächspartner organisiert haben und sich nun angeregt unterhalten. Ihnen ist es in diesem Moment ziemlich egal, ob der Messestand noch steht oder nicht.

Hier beobachten wir gerade einen ziemlich interessanten Vorgang, und ich bin mir sicher, der eine oder andere »Vertriebler« findet sich sofort in der einen oder anderen Gruppe wieder. Interessant dabei ist, dass die eine Gruppe irgendwann am späten Abend ziemlich gut gelaunt den Heimweg antritt oder sogar noch im Tagungshotel übernachten wird, während die Vertreter der anderen Gruppe schlecht gelaunt und müde im Auto sitzen und auf dem Heimweg sein werden.

Sie können mir glauben, es gibt nur diese beiden Gruppen im Vertrieb. Eine dritte Gruppe gibt es nicht. Aber was unterscheidet diese beiden Gruppen? Warum ist die eine Gruppe gut gelaunt und zufrieden und die andere frustriert?

Um das herauszufinden, müssen wir uns vielleicht erst einmal mit dem Thema »Verbandstage« beschäftigen. In Deutschland gibt es unglaublich viele Verbände, die irgendwelche Interessensgruppen miteinander verbinden. Grundcharakter eines Verbandes ist immer die Rechtsform eines eingetragenen Vereines oder sogar eines eingetragenen, gemeinnützigen Vereines. In dieser Rechtsform gibt es Regularien, die eingehalten werden müssen. Dazu gehört auch eine jährliche Mitgliederversammlung, in deren Rahmen die Jahresabschlüsse und Geschäftspläne genehmigt und der Vorstand gewählt oder abgewählt wird. In der Mitgliederversammlung wird aber auch die Arbeit des Verbandes (Vereines) gesteuert und der Vorstand (normalerweise) entlastet.

Die Mitgliederversammlung ist langweilig, weshalb sich fast immer nur ein kleiner Teil der Mitglieder überhaupt auf den Weg machen, um daran teilzunehmen. Für diese Veranstaltung muss ein Tagungsraum, meist in einem Hotel, gemietet werden, Speisen und Getränke müssen bereitstehen und die Technik muss funktionieren. Das kostet Geld, und Vereine haben fast nie Geld. Also macht man aus einer Mitgliederversammlung einen Verbandstag, bastelt ein interessantes Rahmenprogramm, um die Teilnehmer mit Fachinformationen zu versorgen. Oft werden im Rahmen dieser Verbandstage, die auch mehrere Tage dauern können, interessante Speaker aufgeboten, um auch einen gewissen Unterhaltungswert zu vermitteln.

Zur Kostendeckung suchen sich viele Verbände Sponsoren, also Firmen, die Interesse daran haben, mit den Mitgliedern und/oder deren Vertretern in Kontakt zu treten, um Geschäfte anzubahnen oder auch nur um ein besseres Image aufzubauen. Es gibt Verbände, um die sich die Sponsoren nur so reißen, weil es eine Ehre sein soll, mit diesem Verband zusammenzuarbeiten. Auf die breite Masse der Verbände trifft das aber nicht zu.

Zu den Ausstellern gehören auch Max und Moritz, die hier ihre Unternehmen präsentieren. Beide sind top ausgebildet, beide haben unglaublich viel Ahnung und Fachwissen von dem, was ihr Arbeitgeber so macht und kennen sich mit den Produkten bestens aus. Sie sind Experten. Sie sind beide geachtet in ihrem Unternehmen und dennoch – sie unterscheiden sich grundlegend.

Max hat eine Aufgabe bekommen: Er sollte nach Nirgendwo reisen, um das Unternehmen beim Verbandstag der Flugbesenflieger zu präsentieren. Seine Firma hat ein neues Produkt entwickelt, das genau zu diesem Verband passt. Max ist Experte für Flugbesen. Die Marketingabteilung hat einen perfekten Messestand mit Ultra-HD-Display und allem Drum und Dran nach Nirgendwo gesandt. Zur Ausstattung gehören auch Unterlagen und »Give-aways« in großer Menge. Die Firma hat Max angemeldet. Er hat sich also frühmorgens auf den Weg gemacht und ist pünktlich angekommen. Am Eingang wurde er freundlich in Empfang genommen, seine Unterlagen und ein korrektes Namensschild wurden ihm überreicht, man hat ihn zu seinem Stand geführt, obwohl der Plan groß und deutlich lesbar an der Tür hing. Und nun stand er da.

Ganz anders Moritz. Moritz kennt sich in der Welt seiner Kunden, der Flugbesenflieger hervorragend aus. Er kennt nicht nur die Geräte, er kennt auch Plätze und Orte, wo man hervorragend Flugbesen fliegen kann. Auch er ist ein Experte. Im Gespräch mit einem seiner Kunden hat er von diesem Verbandstag erfahren und sich schlau gemacht. Seine Recherche überzeugte ihn davon, dass er Vorteile davon haben könnte, wenn er dort vor Ort sein Unternehmen präsentieren würde. Und so hat er seinen Vorgesetzen angesprochen und sich die Teilnahme genehmigen lassen. Einen Messestand gab es nicht, nur einfache Rollups mit Verkaufsunterlagen.

Er hat alles in sein Auto gepackt und ist bereits am Vortag angereist. Dafür hat er dann aber noch den Veranstalter an der Bar getroffen. Ein netter Klönschnack, und er hat eine Teilnehmerliste bekommen. Am nächsten Morgen ging er zum Empfang – und bekam kein Namensschild, denn irgendjemand hat vergessen ihn anzumelden. Aber egal, es wurde schnell eines mit der Hand geschrieben. Danach ist er mit den Rollups in die Halle gegangen und hat diese aufgebaut. Und dann hat er sich umgesehen.

Max an seinem Hightech-Messestand hat zuerst seinen sein Laptop aufgebaut, dann loggte sich im Internet ein und begann seine Mails zu bearbeiten, während er ab und an einen missmutigen Blick in die wachsende Teilnehmermenge warf. Seine Laune verschlechterte sich, als er feststellte, dass andere Aussteller sich angeregt mit den Teilnehmern unterhielten. Und so bearbeitete er weiter seine E-Mails. Plötzlich wurde er angesprochen und nun ging es los, in einer Redearie überflutete er seinen Besucher mit allen Informationen über sein Produkt, bis der Besucher fluchtartig den Stand verließ.

Moritz hingegen war gar nicht an seinem Stand. Er war mitten in der Menge, unterhielt sich mit verschiedenen Teilnehmern und auch Ausstellerkollegen. Man sah ihn lachen, interessiert zuhören und manchmal auch reden. Und dabei sprach er über dies und das und Gott und die Welt und kaum über sein Produkt, das er hier verkaufen sollte.

Dann begann der Verbandstag mit der Rede des Vorsitzenden. Auch ein Politiker sprach ein Grußwort, dann noch einer aus einer anderen Region. Es folgte ein langer Fachvortrag über das Flugbesenfliegen und seine Herausforderungen, seine Bedeutung für die Gesellschaft und so weiter und so fort. Max stand an seinem Stand und hörte weg, Moritz war mitten unter den Zuschauern und hörte zu, machte sich Notizen. Der Key-Note-Vortrag war toll, da hörte sogar Max zu, aber ohne seinen Stand zu verlassen. Und endlich war alles vorbei, er durfte seinen Stand abbauen und hatte frei.

Kurz nach dem offiziellen Programmende trafen sich Max und Moritz am Getränketresen und kamen ins Gespräch. Der eine war begeistert, denn er hatte viele Gespräche geführt und vor allem viele Visitenkarten bekommen und sogar schon drei Termine vereinbart. Der andere hatte eigentlich nichts außer schlechte Laune. Was war passiert? Ja, Max ist ein toller Verkäufer, der Kunden mit seinem Fachwissen überzeugen kann, aber er ist kein Netzwerker. Moritz ist gar nicht so gut im Verkaufen, aber er interessiert sich für seine Kunden und deren Themen. Dass er Flugangst hat und darum nie im Leben mit einem Flugbesen fliegen würde, gibt er ganz offen zu, und trotzdem verkauft er sein Produkt genau in diesem engen Markt ziemlich erfolgreich.

Er hat etwas begriffen: Kunden sind Menschen mit dem natürlichen Bedürfnis nach Beziehungen, und Kunden wollen verstanden, ernst genommen werden. Und genau das tut Moritz – er interessiert sich für seinen Kunden und die Themen, die die Branche bewegen. Er spricht mit seinen Kunden über deren Probleme und Sorgen, die oft genug gar nichts mit dem Flugbesenfliegen zu tun haben. Und er kennt seine Kollegen aus anderen Firmen, die ebenfalls Produkte für Flugbesenflieger anbieten. Da, wo es keinen direkten Wettbewerb gibt, da schließt er Kontakte, tauscht Informationen aus und vernetzt Menschen, seine Kunden mit seinen Kollegen. Und deshalb verkauft er, ohne sein Produkt anzupreisen oder in einen Preiskampf gehen zu müssen.

FAZIT: Verbandstage sind Netzwerktage. Gewinner ist der, der sich für seinen Kunden und dessen Themen interessiert, sich ernsthaft damit identifiziert, ohne die Authentizität zu verlieren.

Beruf oder Berufung?

Perspektivwechsel: Stellen Sie sich vor, Sie suchen jemanden, der sich Ihnen vorstellt. Für einen Job. Sie suchen einen Vertriebler, meinetwegen für Flugbesenflieger. Welche Anforderungen haben Sie als Unternehmer?

Es soll jemand mit großer Erfahrung im Vertrieb sein, klar. Am besten mit einschlägiger Erfahrung im Flugbesenflieger-Geschäft. Erfolg soll er auch nachweisen, wenigstens aber sehr gute Arbeitszeugnisse vorlegen können. Flexibilität für Termine in Randzeiten und Kommunikationsfähigkeiten für professionelle Kundengespräche soll er auch mitbringen, also freundlich und zielgerichtet im Vorstellungsgespräch wirken. Dann haben Sie ihren idealen Vertriebler für ihre Flugbesenflieger. Perfekt! Oder?

Viele Unternehmen suchen fachlich top ausbildete Mitarbeiter. Vielleicht auch noch Menschen, die »gut ins Team passen«. Damit meinen die meisten Interviewer übrigens, dass der Bewerber gut zu ihnen selbst passt. Ihnen selbst also sympathisch ist, nicht unbedingt dem Team. Wer das im Vorstellungsgespräch als Interviewer unterscheiden kann, führt wirklich professionell Gespräche. Das führt folglich dazu, dass wir zwar fachlich gut ausgebildetes Personal in den Unternehmen vorfinden, nicht aber Menschen, die ihre Berufung ausüben, dessen Persönlichkeit ins Jobprofil passt. Was heißt das? Wir brauchen Menschen, nein, wir brauchen Persönlichkeiten! Persönlichkeiten, deren Motivation sich mit den Unternehmenszielen und des Jobprofils matchen.

Was heißt nun Motivation? Oft werde ich auch gefragt: Wie kann ich andere motivieren? Wie kann ich mich mo-

tivieren? Wie kann ich Mitarbeiter begeistern? Wir selbst
können andere nur bedingt motivieren, wir können nur
deren Motivation wecken. Wie also? *Motivation* meint unseren *Antrieb*, also das wofür es sich lohnt, morgens aufzu-
stehen. Hinter jedem Antrieb und jeder Motivation stecken
persönliche Werte. Diese werden durch das, wofür wir als
Kinder geliebt wurden, geprägt. Denn wir waren ja abhängig von unseren Eltern. Wurde der eine, vielleicht ein kleiner
Max, dafür geliebt, jederzeit strebsam und zielorientiert zu
sein, so wurde ein anderer, nennen wir ihn Moritz, vielleicht
dafür geliebt, kreativ und kommunikativ zu sein. Im weiteren Leben prägen uns natürlich auch andere Wegbegleiter,
Erfolge, Herausforderungen und verschiedene Rahmenbedingungen. Natürlich geben wir im Laufe unseres Lebens
auch Werte weiter. Wiederum abhängig auch davon, wie wir
geprägt sind und wie unsere Umwelt uns fordert. Von Generation zu Generation. So, dass wir also alle über ein per-
sönliches Wertesystem verfügen, jeder über ein anderes. Und
das ist auch gut so. Denn wären wir alle gleich, wo würde
das bloß hinführen …?

Werte sind zum Beispiel Fairness, Anerkennung, Freiheit,
Solidarität, Harmonie, neben vielen anderen. Werte sind übrigens immer positiv und lassen uns situationsübergreifend Ent-
scheidungen treffen. Handeln wir im Privaten nach Fairness,
so werden wir es im Beruflichen natürlich auch tun. Und da
wir in einem sozialen System leben, in der jedoch jeder andere Werte in sich trägt, handeln wir in derselben Situation
oft doch ganz unterschiedlich. Auch das ist gut so, denn was
wäre, wenn zum Beispiel alle nach Risiko handeln würden
und niemand nach Beständigkeit? Oder alle nach Sicherheit
und niemand nach Innovation? So gleichen wir uns also aus.

Ehrlichkeit
Selbstbewusstsein
Kreativität
Sicherheit Verlässlichkeit Zuversicht
Toleranz Aufmerksamkeit
Höflichkeit Stärke Entschlossenheit Wertschätzung
Solidarität Fleiß Empathie
Freiheit Loyalität
Hilfsbereitschaft Freude Flexibilität Anerkennung Genauigkeit
Mut Ausdauer Ordnung
Optimismus
Zuverlässigkeit
Beständigkeit

Nun gehen wir einen Schritt weiter: Welche Werte braucht denn nun ein echter Vertriebsmensch, ein Netzwerker, ein Erfolgreicher dieses Berufes? Vermutlich Vertrauen, Aufgeschlossenheit, Aufmerksamkeit, Empathie, Interesse, Inspiration, Begeisterung, Leidenschaft, Glaubwürdigkeit, Mitgefühl, Transparenz, Verlässlichkeit und nicht zuletzt Sympathie. Und damit die Fähigkeit, mit Menschen Beziehungen aufzubauen. Beziehungen, die geprägt sind von Vertrauen und die nachhaltig gepflegt werden.

Doch welche Werte prägen nun unseren Moritz, den ausgeprägten Netzwerker und gleichermaßen Vertriebler? Möglicherweise Neugier, Offenheit, Nähe, Authentizität, Selbstvertrauen und bestimmt nicht zuletzt Ehrlichkeit. Oder sind es ganz andere Werte? In jedem Fall sind seine Werte seine inneren Motivatoren, die ihn in seinem Alltag so handeln lassen. Und welche Werte sind es, die Max antreiben? Das dürfen Sie nun im weiteren Verlauf des Buches selbst herausfinden …

#2 Coach dich selbst – Werte- und Motivationsanalyse

- Welche Werte habe ich?
- Wofür stehe ich jeden Morgen auf?
- Was treibt mich an im Leben?
- Welche Werte sind unverzichtbar für mich?
- Wofür bewundere ich andere Menschen?

Finden Sie es heraus und beobachten Sie, wie diese Werte Ihren Alltag bestimmen.

NOTIZEN

»Wähle einen Job, den du liebst,
und du wirst nie wieder arbeiten müssen.«
KONFUZIUS

FÜHLEN SIE IHREN KUNDEN

Der Kongresssaal ist gut gefüllt. Über 250 Teilnehmer haben sich eingefunden. Viele Unternehmer und Unternehmerinnen, Vertreter politischer Parteien, Mitarbeiter und Mitarbeiterinnen aus Ministerien und Kommunen sowie Vertriebsmitarbeiter der verschiedenen Industrie- und Dienstleistungsunternehmen. Das Klappern der Kaffeetassen, die Kulisse der Gespräche, es ist eine angenehme Atmosphäre. Mitarbeiter des Organisationsteams kümmern sich um die Gäste, begrüßen sie, verteilen die Namensschilder und versorgen die Teilnehmer mit Informationen zum Kongress.

Menschen stehen an den Stehtischen und unterhalten sich. Die Themen scheinen vielfältig zu sein. Einer der Teilnehmer, nennen wir ihn Thomas, ist heute eigentlich nur gekommen, weil er sich für ein ganz bestimmtes Thema interessiert, und weil er gesehen hat, dass mehrere Firmen, die ihm bei der Lösung eines Problems helfen könnten, als Aussteller mit von der Partie sind.

Thomas meldet sich an, wird von einigen seiner Kollegen begrüßt und er spricht kurz mit ihnen. Bald ist er beim ersten Aussteller, den er besuchen wollte – es ist niemand am Stand. Er will schon weitergehen, als er bemerkt, dass jemand auf ihn zukommt. Er wartet also. Es ist Moritz. Er stellt sich vor und fragt, ob er irgendwie helfen könne. Thomas schildert sein Problem, Moritz hört aufmerksam zu. Er stellt einige Nachfragen, bekommt auch Antworten darauf, doch er spürt, dass irgendetwas nicht stimmt. Er stellt eine weitere Frage und wartet ab. Thomas blickt auf sein Handy. Moritz bemerkt das und macht einen Vorschlag. »Ich sehe,

Sie haben heute so viel auf der Agenda, dass wir das Thema hier nicht ausführlich besprechen sollten. Ich mache Ihnen einen Vorschlag: Ihre Karte habe ich ja – was halten Sie davon, wenn ich Sie nächste Woche anrufe und wir einen Termin vereinbaren?« Dankbar schaut Thomas ihn an und stimmt zu. »Okay, dann wünsche ich Ihnen einen erfolgreichen Tag – und wenn Sie noch eine Frage haben – ich bin hier, sprechen Sie mich einfach an.«

Thomas geht weiter, zum zweiten Stand, zu dem er wollte. Dort wartet Max auf ihn. Schon aus fünf Metern Entfernung begrüßt er Thomas, und ohne dass dieser eine Frage stellen kann, schießt Max auch schon los. Er erzählt, wie toll das Unternehmen ist, das immerhin 30.000 Mitarbeiter beschäftigt und erklärt, dass er als der zuständige Gebietsverkaufsleiter für alle Kunden zuständig ist. Und dann geht es gleich weiter in die Produktvorstellung. »Wir sind technischer Marktführer«, tönt Max voll Stolz, »und die Firma XY, die da vorne steht, die kopieren uns nur, die haben nicht unsere Topqualität.« Thomas hat genug gehört. »Ach so, ich komme gern nächste Woche zu Ihnen ins Büro, dann können wir über unsere weitere Zusammenarbeit sprechen«, und während er seinen Terminkalender öffnet, fragt er schon: »Wann passt es Ihnen besser – am Montag oder am Mittwoch und wann dann – am Vormittag oder am Nachmittag?« »Ich rufe Sie an«, antwortet Thomas kurz und geht weiter.

Ein halbes Jahr später, wieder eine Fachtagung, diesmal ohne Fachausstellung. Thomas hat sich wieder angemeldet und sichtlich erfreut stellt er fest, dass Moritz auch vor Ort ist. Freudig begrüßen sich die beiden, sprechen über das laufende Projekt und einige private Angelegenheiten, während sie Kaffee trinken. Die beiden Männer vertrauen einander, das merkt man. Dann taucht Max auf. Er sieht Thomas, erkennt ihn wieder und drängt sich in das Gespräch. »Herr Thomas, Sie wollten mich doch anrufen wegen eines Termins. Ich warte heute noch darauf. Ich habe von Ihrem Projekt in der Musterstraße gehört und ich will Ihnen ein gutes Angebot machen.« »Da sind Sie leider zu spät, wir haben den Vertrag schon mit der Firma XY gemacht und sind sehr zufrieden.« »Ja aber, die haben doch nicht unsere hohen Qualitätsstandards!«, entrüstet Max sich. »Wir haben genau das richtige Produkt bekommen, das wir auch wollten.« Das Gespräch ist beendet.

»In vielen Verkäuferschulungen, die ich wie jeder andere auch durchgemacht habe, haben wir Dinge gelernt, die mit dem wirklichen Verkaufen nichts zu tun haben.«

Was war passiert? Nun, Thomas hatte bei der ersten Veranstaltung tatsächlich ein familiäres Problem und war nur wegen seiner Fragen gekommen. Während Moritz ihn beobachtet und offensichtlich die richtigen Schlüsse gezogen hat, hat Max den möglichen Kunden »totgequatscht«.

Hier können wir sehr gut beobachten, wie wichtig es ist, in der Kommunikation auf den Kunden zu achten, ihn zu beobachten und auf die Situation zu reagieren. In vielen Verkaufsschulungen, die ich wie jeder andere auch durchgemacht habe, haben wir Dinge gelernt, die mit dem wirklichen Verkaufen nichts zu tun haben. Der Verkäufer ist nämlich schon lange kein Verkäufer mehr, sondern eher ein Einkaufsberater. Und in dieser Stellung ist es wichtig, den Kunden, seine Bedürfnisse und seine Situation zu erfassen.

Ich kenne niemanden, der ein Produkt oder Investitionsgut kauft, weil der Hersteller in 130 Ländern der Welt aktiv ist, Marktführer ist, 100.000 Mitarbeiter beschäftigt oder einen anderen Punkt, der so gern von Max und seinen Kollegen erzählt wird, erfüllt. Das sind Fakten, die man wissen kann, die aber niemanden interessieren.

Ich kenne auch niemanden, der eine Verkaufsargumentation gut findet, in der der Wettbewerber negativ bewertet wird. Im Gegenteil, diese Verkaufsrhetorik macht direkt unsympathisch. Auch das besondere Herausstellen der eigenen Alleinstellungsmerkmale ist grob gesagt eine negative Bewertung des Wettbewerbers, denn eines ist klar: Jedes Unternehmen, das sich erfolgreich am Markt bewegt, hat seine Vor- und/oder Nachteile.

Max beherrscht auch perfekt die Strategie: »Wer fragt, der führt!« Aber wollen Kunden geführt werden? Und hat Max je zugehört? Wohl kaum, denn dann hätte er auch erkannt, dass Thomas an diesem Tag gar nicht so offen für ein Gespräch war. Max hat also gefragt, die Antwort erst gar nicht abgewartet und somit konnte er die wichtigen Informationen des Interessenten, der kein Kunde wurde, erst gar nicht erfahren und ihm somit auch nicht helfen.

Was lernen wir daraus? Jedes Gespräch zwischen Verkäufer und Interessenten ist ein gutes Gespräch, wenn der Interessent sich wohl fühlt und sich öffnet. Denn nur dann kommt es zur zweiten Stufe des Verkaufens – der echten Bedarfsermittlung und Beratung.

FAZIT: Beobachten Sie Ihren Kunden, erfassen Sie seine Emotionen und nehmen Sie ihn ernst – als Mensch und als Kunden. Lernen Sie Ihren Kunden kennen, bereiten Sie sich vor, zeigen Sie Markwissen und vor allem bleiben Sie Sie selbst mit Ihren Emotionen.

PREISANPASSUNGEN DURCHSETZEN

Und ist der Preis erst mal versaut, wirst du ihn nie wieder anheben können. Das ist im Verdrängungswettbewerb ein Faktum, das sich schwer aushebeln lässt. Viele Unternehmen, die hohen Bedarf an solchen Produkten haben, nutzen das aus. Dabei nutzen sie ihre vermeintliche Macht aus und drohen bei angekündigten Preisanpassungen damit, einen anderen Anbieter zu beauftragen. Vor allem Einkäufer sind gerade in diesem Punkt der Erpressung sehr gut und oft auch schamlos.

Gerade im B2B-Geschäft, in dem ich mich über 25 Jahre bewegt habe, findet man so viele verschiedene und durchaus interessante Techniken, um den Hersteller oder das Serviceunternehmen preislich kleinzuhalten. Viele Verkäufer lassen dieses Spiel mit sich treiben und werden von Vertriebsleitern und anderen Führungskräften auch noch darin bestärkt. Gut ist das nicht, denn durch diese durchschaubare Taktik werden Dienstleister oft genug benachteiligt.

Max fährt zum Kunden und ist pünktlich vor Ort. Nach der üblichen Wartezeit von 20 Minuten wird er in den Besprechungsraum gebeten, wo er von mehreren Teilnehmern erwartet wird. Er hat kaum Platz genommen, da legt er auch schon los. Er argumentiert, dass sein Unternehmen die besten Mitarbeiter habe, den besten Service biete und überhaupt alles super mache. Der Einkäufer sagt ganz cool: »Das ist ja schön für Sie –, aber das brauchen wir alles nicht! Uns reicht eine normale Leistung (hat aber in der Ausschreibung alle und die besten Zertifizierungen gefordert). Und überhaupt, so gut sind Sie gar nicht.« Dann holt er eine Mängelliste aus seiner Mappe und schon ist Max in der Defensive, denn oft genug stimmen diese Mängel sogar, auch wenn sie keine Relevanz bei der Preisgestaltung haben.

Der Einkäufer argumentiert nun, dass er, solange solche Missstände herrschen, Preisanpassungen auf gar keinen Fall akzeptiert werde. »Ja aber, wir brauchen diese Preisanpassung.« Das ist der letzte verzweifelte Versuch, doch noch einen Erfolg zu verbuchen. Der Einkäufer lässt ihn eiskalt abblitzen und verweist darauf, dass man ja noch andere Anbieter habe, denen man den Auftrag auch geben könne. Max gibt auf und ist froh, dass der Kunde nicht gekündigt hat. Und das verkauft er nachher im Personalgespräch seinen Vorgesetzen als Erfolg, der das auch so hinnimmt. Es hätte schlimmer kommen können.

Moritz macht das anders. Moritz kennt den Kunden und lässt sich von den Mitarbeitern, die diesen Kunden betreuen, noch einmal auf den neuesten Stand bringen. Er weiß also Bescheid über die Mängelliste, die er gleich vom Einkäufer präsentiert bekommt. Moritz kennt aber auch den Menschen hinter dem Einkäufer. Und er hat sich ein klares Bild vom Kunden gemacht. Er hat einen Überblick über die Umsätze der letzten 24 Monate, er ist über die Kommunikation zwischen den Unternehmen auf dem Laufenden und er kann die Wettbewerbssituation vor Ort einschätzen. Überdies hat er die Preise, die er durchsetzen will, noch einmal kalkuliert und mit seinen Vorgesetzen eine Taktik besprochen. Man ist sich einig, dass man den Kunden zwar nicht verlieren will, aber die Geschäftsbeziehung beenden wird, wenn die neuen Preise nicht anerkannt werden.

Gut vorbereitet fährt er zum Kunden. Wie üblich darf er 20 Minuten in der ungemütlichen Vorhalle warten, obwohl er pünktlich war. Dann endlich darf er in den Besprechungsraum. Ihn erwarten der Einkäufer, der Bereichsleiter und für jeden der Herren jeweils eine Assistentin. Kein Problem für Moritz. Entspannt setzt er sich hin und holt seine Aktenmappe aus der Tasche, legt sie vor sich hin und wartet erst mal ab. Schließlich ergreift einer der Gastgeber das Wort, begrüßt ihn freundlich und fragt, ob er denn gut hergefunden habe. Moritz ist ehrlich und antwortet: »Ja klar, aber ich war ja schon häufiger bei Ihnen, ich kenne den Weg.« Und wieder wartet er. Der Einkäufer wird ungeduldig und legt ein Schreiben auf den Tisch, in dem die Preisanpassung angekündigt wird. »Das geht gar nicht!«, stellt er mit einem zufriedenen Grinsen fest.

Moritz fragt, warum das gar nicht gehen sollte? Schließlich erbringe sein Unternehmen und die Kollegen eine gute Arbeit, auch wenn manchmal Fehler passierten. Und schon zieht er eine Liste aus der Tasche und spricht Punkt für Punkt an, wo es Reklamationen gab und wie sie gelöst wurden. Dann legt er die Protokolle auf den Tisch, in dem die Mitarbeiter des Kunden bestätigen, dass alles behoben ist. Der Einkäufer muss zugeben, dass dies so korrekt ist. »Fein, dann sind wir uns also einig, dass die geleistete Arbeit in Ordnung ist?«, fragt Moritz nach. Das bestätigt der Einkäufer, Moritz notiert sich das und zwar so, dass jeder sehen kann, was er geschrieben hat. »Nur fürs Protokoll. Mein Chef will das so, wissen Sie«, erklärt er kurz.

»Okay, kein Problem! Wann wollen Sie denn den Vertrag beenden?« Der Einkäufer ist fassungslos. Moritz legt nach …

Aber nun geht es um das eigentliche Thema. Moritz holt aus und erklärt, was in den letzten zwei Jahren geleistet wurde und wie die Abrechnungen liefen. Großzügig erklärt er, dass der regelmäßige Zahlungsverzug kein Problem sei, man habe sich auf unpünktliche Zahlungen eingestellt. Dann erklärt er kurz, warum die Preisanpassung nötig sei und liefert die entsprechenden Zahlen, Daten, Fakten. Danach wartet er kurz ab. Der Einkäufer ist ungeduldig und in der Defensive. Das gefällt ihm gar nicht, und so kommt sein letzter Versuch mit der Drohung, dass man dann eben einen Wettbewerber beauftragen würde.

Moritz ist immer noch entspannt. »Okay, kein Problem! Zu wann wollen Sie denn den Vertrag beenden?« Der Einkäufer ist fassungslos. Moritz legt nach: »Ich muss das wissen, denn dann wissen wir auch, wann wir unsere Lager räumen und die Anlagen, die uns gehören, abbauen können.« »Äh, das wollen wir gar nicht und das können Sie nicht machen. Wir brauchen die Geräte!«, kommt vom Bereichsleiter. »Wir brauchen die nicht, wir beauftragen dann eben Firma XY, der war ja eh grad hier und wird sich freuen.« »Sie irren sich, das geht eben nicht. Wenn Sie wechseln wollen, dann machen Sie das, aber ich bin dann raus.« Herrlich – ein interner Dialog entsteht, Moritz lehnt sich zurück und beobachtet das Gespräch.

Ende der Geschichte: Der Kunde hat die Preisanpassung akzeptiert! Die Geschäftsbeziehung besteht immer noch! Was lernen wir daraus? Jeder hat die Möglichkeit, sich zu informieren. Ein Unternehmen ist nichts anderes als ein Netzwerk, in dem Menschen in unterschiedlichen Positionen und mit verschiedenen Aufgaben arbeiten. Der Monteur, der Auslieferungsfahrer, der Techniker vor Ort, der Servicemitarbeiter im Büro, der Vertrieb – sie alle zusammen bilden ein Netzwerk rund um den Kunden. Und wenn dieses Netzwerk gut arbeitet, dann bekommt man als Lieferant letztendlich auch einen fairen, angemessenen Preis.

ERKENNTNIS DES TAGES: Jede Information ist wichtig! Und dazu eine gesunde Portion Selbstbewusstsein.

jana jeske COACHING
Potenziale entfalten

Alles oder nichts!?

Bereiten Sie sich auf wichtige Gespräche vor? Also nicht nur so grob und intuitiv, sondern ernsthaft, mit Ruhe und Bedacht – und schriftlich. Ich behaupte: Gut vorbereitet ist fast im Ziel!

Na gut, ich muss zugeben, in unserer heutigen flexiblen und dynamischen Welt brauchen wir agile Arbeitsmethoden, um individuelle Lösungen zu kreieren. Wenn es jedoch um wichtige Gespräche und Anliegen geht, sollten wir fokussiert sein. Und wie können wir uns gut fokussieren? Wenn wir uns Zeit nehmen.

Dazu empfehle ich Ihnen, sich für das nächste wichtige Gespräch Zeit für folgende schriftliche Vorbereitung zu nehmen. Es eignen sich dafür am besten Metaplan-Karten, diese können übersichtlich auf dem Boden platziert werden. Alternativ wenigstens ein Blatt weißes Papier.

45

#3 Coach dich selbst in 8 Schritten: Professionelle Gesprächsvorbereitung

Ich lade Sie ein, sich folgende Fragen zu beantworten:

1. Was verbindet mich mit meinem Gesprächspartner? Wie kann ein Beziehungsaufbau gelingen?
2. Was ist mein Ziel bzw. Anliegen? Was möchte ich mit dem Gespräch erreichen?
3. Was möchte ich keinesfalls in Bezug auf mein Anliegen? Was vermeide ich?
4. Warum ist mein Anliegen auch für meinen Gesprächspartner gut?
5. Welche Einwände könnten von meinem Gesprächspartner kommen?
6. Warum halte ich diese Einwände für ungerechtfertigt, und welche Lösungen werde ich daher für die Einwände haben?
7. Was ist mir am Ende des Gespräches wichtig? Wie möchte ich aus dem Gespräch rausgehen?
8. Was brauche ich jetzt für mich, um gestärkt in das Gespräch gehen zu können? Was benötige ich, kurz bevor ich in das Gespräch gehe?

Bereiten Sie sich schriftlich vor, schließlich haben Sie einen Grund, warum Sie Ihren Standpunkt haben. Werden Sie sich also Ihres Selbst bewusst – dann wirken Sie ganz selbstbewusst!

RAUS AUS DER FALLE DES CRM

Heute ist ein besonderer Tag. Herr Max Mustermann wacht auf und bekommt prompt einen Kaffee ans Bett serviert. Als er eine kurze Zeit später noch müde in die Küche kommt, wartet seine Familie schon und alle gratulieren ihm zu seinem Geburtstag. Es gibt sogar kleine Geschenke. Nach dem gemeinsamen Frühstück geht es los zur Arbeit. Aber vorher muss er noch die Kinder an der Schule absetzen.

Herr Mustermann ist Vorstand eines mittelständischen und regional bekannten Unternehmens und als solcher auch bekannt und ein begehrter Gesprächspartner für Außendienstmitarbeiter. Obwohl Herr Mustermann viele Abteilungen mit den entsprechenden Führungskräften im Unternehmen eingeführt hat, versuchen immer wieder Vertriebsmitarbeiter, mit ihm ins Gespräch zu kommen, um ihre Produkte oder Dienstleistungen im Unternehmen zu platzieren. Aber es gibt vieles, was Herr Mustermann gar nicht entscheiden kann oder auch will, denn er setzt auf Eigenverantwortung der Mitarbeiter und möchte, dass sie selbstständig im Dialog mit allen Beteiligten im Unternehmen entscheiden.

»Fakt ist, dass die meisten dieser Glückwunschmails nur deshalb versandt werden, weil irgendjemand sein Geburtsdatum veröffentlicht hat und viele Vertriebsmitarbeiter diese Daten in ihrem CRM abspeichern, um dann eine Mail zu versenden.«

Auf dem Weg zum Büro schaut Herr Mustermann kurz auf sein Handy und erschreckt sich. Über 400 Nachrichten werden im Eingang angezeigt, und schon ist er leicht genervt. Das wird wieder viel Arbeit, denkt er sich. Dann kommt er im Büro an und seine Stimmung hebt sich wieder, denn er wird von seinen Mitarbeitern mit einem Schild »Happy Birthday« begrüßt. Er passiert den Eingang und seine Mitarbeiter, die ihm auf dem Weg zu seinem Büro entgegenkommen, grüßen und gratulieren.

Als er seinen PC hochfährt und das Mailprogramm startet, geht ein wahres Konzert los. Jede eingehende Nachricht wird mit einem kurzen »Pling« angekündigt. Er holt sich erst mal einen Kaffee und beginnt dann, die Mails zu lesen. Ganz viele kommen von Menschen, die er gar nicht so gut kennt und enthalten nur wenige Worte. »Alles Gute zum Geburtstag. Punkt. Ende. Schrecklich!

Er schaut sich die Absender an und stellt fest, dass er die meisten zwar irgendwann mal persönlich getroffen hat, aber außer dem Austausch von Visitenkarten und der Verlinkung über Social Media ist da nicht viel passiert. Und dann liest er die vielen Mails, in denen nur lapidar »Alles Gute zum Geburtstag« steht. Schon nach kurzer Zeit hat er die Nase voll und löscht eine Mail nach der anderen.

Bei einer bleibt er dann doch hängen. Denn dort steht: »Alles Gute zum Geburtstag. Anlässlich Ihres Geburtstages wollte ich noch einmal nachfragen, ob wir in der beim Verbandstag Ihres Verbandes angesprochenen Angelegenheit doch noch mal einen Termin vereinbaren können.« Kein Gruß, nix weiter. Er löscht die Mail und klickt sich weiter durch die Liste, immer mal wieder unterbrochen von dem einen oder anderen Anruf.

Dann liest er eine andere Mail. Sie ist sehr individuell, sogar mit einem kleinen Gedicht, das genau auf sein Hobby passt. Und dazu ein sehr persönlicher Text. Diese Mail wird nicht gelöscht. Er nimmt sich fest vor, den Absender anzurufen und sich zu bedanken.

Fakt ist, dass die meisten dieser Glückwunschmails

nur deshalb versandt werden, weil irgendjemand sein Geburtsdatum veröffentlicht hat und viele Vertriebsmitarbeiter diese Daten in ihren CRM-Systemen abspeichern, um dann am Tag X eine Mail zu versenden. Daran halten sich sowohl Max als auch Moritz. Max nimmt sich jeden Morgen eine halbe Stunde Zeit, um sein System den Vorgaben seiner Firma entsprechend zu pflegen, die Ergebnisse seiner Arbeit vom Vortag zu dokumentieren und die nächsten Schritte zu planen. Geübte Routine. Und wenn eine Geburtstagserinnerung auftaucht, dann beantwortet er die Frage des Systems, ob er gratulieren will, mit einem Klick auf Ja. Den Rest macht das System. Aufgabe erledigt.

Moritz macht das auch, aber er agiert anders. Er hat sein CRM so eingestellt, dass er eine Woche vor dem Ereignis erinnert wird und dass auf keinen Fall eine Standardmail versandt werden kann. Immer, wenn er diese Erinnerung bekommt, beschäftigt er sich kurz mit dem Kunden und manchmal versucht er, genau an diesem Tag einen Termin zu bekommen, wenn es sinnvoll ist. Ist das nicht der Fall, schreibt er eine persönliche Mail oder eine Glückwunschkarte, die so versandt werden, dass sie auf jeden Fall genau zum richtigen Termin eintreffen. Bei besonderen Kunden macht er sogar beides.

Auch an diesem Tag greift er am frühen Nachmittag zum Telefon und wählt die Nummer von Herrn Mustermann, Vorstand der Firma xy. Er spricht mit der Assistentin und erklärt ihr, dass Herr Mustermann am Morgen eine Mail von ihm bekommen hat und er dort seinen Anruf angekündigt hat. Die Assistentin stellt ihn durch, Herr Mustermann meldet sich und schon ist ein nettes Gespräch im Gang. ABER Moritz unterbricht das Gespräch nach drei Minuten, indem er sagt, dass er nur kurz anrufen und gratulieren wollte und nun auch die wertvolle Zeit des Vorstandes nicht länger in Anspruch nehmen möchte, da es ja auch ein besonderer Tag ist. Er fragt noch, ob er mit der Assistentin einen Termin vereinbaren darf, und nachdem er die Zustimmung bekommen hat, verabschiedet er sich.

FAZIT: CRM ist eine wirklich super Sache – aber auch eine Falle, denn man neigt dazu, unpersönlich und gedankenlos zu werden. Und manchmal ist ein gut gemeinter Gruß dann doch das Falsche, wenn man es nicht richtig macht.

jana jeske COACHING
Potenziale entfalten

(Ent-)Täuschung und Erwartung – oder doch lieber authentisch?

Wir wissen mittlerweile, dass die unbewusste Ebene, also die unter dem Eisberg, relevant in der Kommunikation und Wirkung ist. Was also bewirken solche vorgefertigten, unverbindlichen Glückwünsche? Schwingt dabei oft mit, dass der Glück wünschende andere Absichten hat als die eigentliche Gratulation? So etwas wie: »Hey, ich habe gesehen, dass Sie Geburtstag haben und dabei kam mir der Gedanke, dass ich mal wieder Kundenpflege betreiben sollte!« Oder: »Ich habe durch Zufall gesehen, dass Sie Geburtstag haben und weiß, dass es sich schickt, Ihnen zu gratulieren, obwohl ich eigentlich überhaupt keine Zeit und Lust habe, einen solchen typischen Glückwunsch zu senden!« oder »Ich wünsche Ihnen von Herzen ein erfolgreiches neues Lebensjahr (am besten so erfolgreich, dass Sie Aufträge an mich vergeben!) ... und natürlich auch viel Gesundheit und Zufriedenheit.« Oder kommt Ihnen tatsächlich der Gedanke: »Mensch, schön, dass ich die Gelegenheit habe, Ihnen von Herzen zu gratulieren und meine besten Wünsche zum Ausdruck zu bringen.« Allesamt haben eines gemeinsam: Ihren Wunsch! Ihre Absichten! Entweder aus Pflichtbewusstsein zur Kundenpflege, aus Gefälligkeit (weil man das so macht), aus Antrieb zum Erfolg oder für das eigene gute Gefühl. In jedem Fall steht eines nicht im Vordergrund: Das Geburtstagskind! Was würde ihm gefallen? Womit wäre ihm eine Freude getan? Was können Sie für das Geburtstagskind tun? Ganz unabhängig von Ihren persönlichen Absichten.

Hier ein paar kreative Ideen, um aus der Reihe zu fallen: Vielleicht schreiben Sie ab sofort alle Ihre Kontakte immer einen Tag später an? Vielleicht rufen Sie ab sofort immer eine Woche später an? Und erkundigen sich gleich nachträglich, wie der Tag verbracht wurde? Eines steht fest: Das Geburtstagskind wird weniger überflutet, die Nachricht bleibt, weil sie anders ist, in Erinnerung.

Ich übe das für gelegentlich so: Ich nehme mir vor, mich einen Tag ganz anders zu verhalten, als es für mich typisch ist. Das empfehle ich, nicht gerade bei dem wichtigsten Kunden oder dem Gespräch mit dem Chef zu üben. Das übe ich gern in meiner Familie. Während ich auf der Couch sitze, hat das so ausgesehen:

»Mama, darf ich länger an der Konsole zocken?« – »Ja.«

»Schatz, es klingelt an der Tür!« – »Habe ich auch schon gehört.«

»Mama, darf ich noch länger an der Konsole zocken?« – »Ja, klar!«

»Schatz, hast du nicht gesagt, du hast noch so viel zu tun?« – »Vielleicht.«

»Mama, wann essen wir Abendbrot?« – »Keine Ahnung.«

Mama, darf ich noch mehr Süßigkeiten? – »Ja, klar.«

»Schatz, wir haben nichts mehr zu essen im Kühlschrank!« –»Schade.«

Nach einiger Zeit steht die gesamte Familie vor mir: »Alles klar bei dir??«

»Ja, klar.« sage ich entspannt lächelnd.

Allgemeine Verwirrung folgt.

Experiment gelungen, Patient hat überlebt. Ok, ehrlich gesagt, ich musste mich ganz schön überwinden. Und es hat Kraft gekostet. Aber Spaß gemacht hat es allemal, die Gesichter der Familie zu beobachten. Man muss dazu sagen, dass ich normalerweise eine sehr aktive und lebendige Persönlichkeit bin. Umso verwirrter ist mein Umfeld an einem solchen Tag. Nun, so kann Persönlichkeitsentwicklung im Alltag aussehen. Natürlich kann man das Experiment auflösen. Man kann es aber auch sein lassen. Und sich damit in noch mehr Gelassenheit üben.

#4 Coach dich selbst – Gewohnheiten ändern: Experimentieren

Ich lade Sie nun ein, sich folgende Fragen zu beantworten:

- Wo kann ich mich weiterentwickeln?
- Tipp: Jede Person – absolut jede, die Stärken hat, hat auch Schwächen. Welche habe ich? Wo liegt mein Potenzial zur persönlichen Weiterentwicklung?
- Was sind typische Verhaltensweisen für mich? Welche untypischen möchte ich im nächsten Schritt experimentell ausbauen?
- Einen Tag. Einfach mal ausprobieren. Was passiert?

NOTIZEN

TATORT GOLFPLATZ

Der Golfsport ist für mich wie das Leben. In fast keinem anderen Sport wird dem Spieler seine eigene Einstellung und sein Mindset so klar und direkt gespiegelt wie bei diesem Spiel. Golf ist oft eine Wunderkiste. Jeder, der damit schon mal zu tun hatte, wird das bestätigen können. Nicht umsonst ist einer der meistgenutzten Sätze auf dem Golfplatz folgender: »Gestern (bei der letzten Runde) hat alles so gut geklappt, ich habe richtig toll gespielt!« Ja, aber das war gestern – heute ist ein anderer Tag. Dein Mindset ist heute anders, vielleicht auch deine körperliche Fitness. Das Erlebnis könnte man getrost auch in Bezug auf einen anderen Sport wie Segeln, Tennis, Fußball oder was auch immer umschreiben – es wird fast immer die gleiche Quintessenz haben.

Ich lade Sie nun ein zu einem Gang über den Golfplatz. Stellen Sie sich eine wunderbare Anlage mit viel Grün und tollen Bäumen, Wiesen und Teichen vor, über Ihnen die Sonne vom strahlend blauen Himmel. Beobachten Sie Max, Moritz und zwei weitere Spieler. Und wenn Sie die Geschichte lesen, dann denken Sie immer daran: Golf ist in diesem Moment das Wichtigste im Leben.

»Und überlegt: Sicherheit oder Risiko? Es gibt nur ein Ziel – der kleine, weiße Ball muss mit möglichst wenig Aufwand in das Loch.«

Ein wunderschöner Sommermorgen, frische, klare Luft, Windstille. Am Horizont geht die Sonne auf, die Vögel sind schon wach und geben ein wunderschönes Konzert. Sonst ist es still. Moritz, ein passionierter Hobbygolfer, geht durch das noch taunasse, grüne Gras und genießt die Stille. Seine drei Mitspieler gehen wie er konzentriert in Richtung Abschlag. Gleich beginnt das Early-Bird-Turnier. In Gedanken geht er den Kurs durch, überlegt noch einmal seine Taktik.

Am Abschlag angekommen, schauen die Golfer über das satte Grün des Fairways in Richtung Green. Sie sehen die Bäume, das hohe Gras im Rough und das Wasserhindernis und überlegen sich ihre Taktik. Moritz hat vorhin, beim Üben auf der Driving Range, festgestellt, dass der Abschlag mit dem Driver noch nicht so gut funktioniert. Er nimmt einen Ball aus seinem Bag, dann greift er zu den Tees. Und überlegt: Sicherheit oder Risiko? Es gibt nur ein Ziel – der kleine, weiße Ball muss mit möglichst wenig Aufwand in das Loch.

Seine Mitspieler packen ihre Schläger aus und unterhalten sich, erzählen, wer sie sind und was sie machen. Max beteiligt sich nicht an der lockeren Unterhaltung, er steht etwas abseits und schaut konzentriert auf die Bahn und in sein Birdie Book und überlegt. Dann ertönt das Startsignal. Man wünscht sich gegenseitig ein gutes Spiel und Moritz schreitet zur Tat, macht einen Probeschwung und konzentriert sich kurz und schlägt ab. In hohem Bogen steigt der Ball in den blauen Himmel und landet – direkt im hohen Gras neben dem Fairway.

Nun ist Max dran. Unbeeindruckt vom »Erfolg« des ersten Spielers nimmt er seinen Driver und schreitet zur Tat. Selbstbewusst betritt er den Abschlag, bückt sich, steckt mit einem entschlossenen Ruck seinen Tee tief in die feuchte Erde und legt seinen Ball drauf. Dann nimmt er seinen Driver und tritt an den Ball. Hochkonzentriert nimmt er Haltung an, holt aus und schwingt durch. Mit einem satten Ton trifft er den Ball, der startet gerade aus und landet mitten am Fairway. Volltreffer! Er grinst selbstbewusst, während er den Abschlag verlässt.

Die beiden anderen Spieler schlagen auch ab und nun liegen drei Bälle am Fairway und einer im hohen Gras. Die Golfer gehen schweigend los. Moritz schiebt seinen Trolley vor sich her und überlegt schon, wie es weitergehen kann. Erst mal die Lage beurteilen, wenn man am Ball ist. Während Max zu seinem Ball geht, suchen die anderen mit Moritz den Ball im hohen Gras und sie haben Glück – er liegt da mitten in einem Grasbüschel. Kurz überlegen, dann entscheiden. Probeschwung, erster Versuch, Ergebnis suboptimal. Der Ball liegt nun zwei Meter weiter im hohen Gras, das Spiel wiederholt sich. Vier Schläge später ist er wieder am Fairway zu sein.

Nun gehen die anderen zu ihren Bällen und beurteilen die Lage. Max weiß schon, was er macht. Die Frage nach sicher oder Risiko? Alles oder nichts? Die stellt sich für ihn nicht. Er nimmt sein Fairwayholz, überlegt kurz. Durchatmen, ausholen, schlagen. Der Schlägerkopf saust satt durch den Rasen. Der Ball zischt los – und landet direkt am Green. Wow! Alle gratulieren. »Nice Shot!« Max grinst selbstbewusst. »Das wird ein super Tag!«, feixt er selbstzufrieden.

Endlich sind alle vier Spieler mit ihren Bällen am Green. Moritz hat sechs Schläge gebraucht, die anderen beiden haben drei Schläge gebraucht und Max nur zwei Schläge. Alle betreten das Green, identifizieren die Bälle und konzentrieren sich. Auch Max konzentriert sich auf seinen Putt, kniet sich mehrmals in verschiedenen Positionen hin und »liest« das Green. Sein Lächeln ist siegessicher. »Das wird ein Birdie«, denkt er sich und puttet. Der Ball rollt und rollt und rollt – am Loch vorbei. »Shit!«, ruft er und ärgert sich. Die beiden anderen Spieler sind nun dran, konzentrieren sich, einer trifft direkt das Loch und versenkt den Ball, der andere liegt knapp davor und braucht noch einen Putt.

»Boogie«, sagt er zufrieden, als er seinen Ball aus dem Loch holt. »Okay, dann wird es wenigstens ein Par«, sagt Max, spricht den Ball an und spielt wieder am Loch vorbei. Der Ball rollt auf dem hängenden Green am Loch vorbei und liegt nun noch weiter weg als vorhin. Man kann Gefühle im Gesicht doch sehen! Er geht wieder zum Ball und macht seinen nächsten Putt – zu kurz. Verärgert geht er wieder zum Ball und puttet sofort – der Ball rollt am Loch vorbei und bleibt 20 Zentimeter hinter dem Loch liegen. Ein lauter Fluch ist zu hören. »Gleich fliegt der Putter durch die Gegend«, denken alle, und schon steht Max wieder am Ball. Nächster Versuch – daneben. Eigentlich wäre nun Moritz dran, aber Max gibt nicht auf. Wütend puttet er noch einmal und trifft die Stange, der Ball prallt ab und bleibt neben dem Loch liegen. Der nächste Putt trifft endlich, der Ball ist im Loch.

Moritz geht nun langsam zu seinem Ball, schaut noch einmal auf das Gefälle, betrachtet das Green und konzentriert sich, holt aus, schwingt langsam, aber konzentriert, der Ball rollt los und rollt langsam Richtung Loch. Er hält die Luft an und atmet durch, als der Ball ganz langsam und quasi mit der letzten Drehung fällt. Plopp – Treffer! Nach der ersten Bahn steht es nun 4-5-7-8. Drei Spieler sind mit sich zufrieden – einer ist merklich verärgert.

Auf zur nächsten Bahn. Max voller Selbstbewusstsein und Tatendrang voran, die anderen hinterher. Obwohl er gar nicht dran ist, schlägt Max als Erster ab – und der Ball landet nach einem weiten Flug direkt im Aus. Moritz denkt nicht lange nach, er nimmt seinen Driver und trifft sicher die Mitte des Fairways, genau wie die anderen beiden Spieler. Max ist wieder dran, und nun versucht er mit Gewalt, alles zu erzwingen, was bei diesem Schlag auch gelingt. Trotzdem wird es am Ende der Bahn nur ein Doppelboogie und sorgt für Ärger.

Eine merkwürdige Truppe zieht nun über den Golfplatz: Drei Spieler sind entspannt, genießen den Tag und haben

Spaß am Turnier und der Runde. Und dann kommt Max, der so perfekt zu sein vorgibt und heute wirklich nicht seinen besten Tag hat. Er macht sich Sorgen um sein Handicap, denn das wird sich nach dem Turnier verschlechtern – um 0,1. Und darüber ärgert er sich. Er sieht nicht mehr, wie schön die Natur des Golfplatzes ist, er nervt seine Mitspieler mit seiner schlechten Laune und seinen mittlerweile unfreundlichen Sprüchen.

Gerade am Golfplatz erkennt man gravierende Unterschiede zwischen Max und Moritz. Beide spielen nur hobbymäßig Golf, aber dennoch mit total verschiedenen Einstellungen. Max geht regelmäßig zum Training mit einem Pro, spielt oft und ehrgeizig, manchmal auch verbissen, sein Handicap ist nun schon einstellig. Moritz übt auch regelmäßig, aber er liebt das Golfspiel und alles Drumherum. Er genießt die Natur, die frische Luft und konzentriert sich dennoch auf sein Spiel, Rückschläge sieht er als Chance zum Üben und hat sich so auch ein einstelliges Handicap erarbeitet, das ihm aber auch relativ egal ist.

Während Max sich immer wieder um Mitspieler bei Übungsrunden bemühen muss, hat Moritz immer einen oder mehrere Mitspieler, die gern mit ihm auf eine Runde gehen. Er hat ein gutes Netzwerk mit Menschen, die wie er, Freude am Spiel haben.

FAZIT: Golf ist das Spiel des Lebens, ein Spiegel für dein aktuelles Mindset. Spielen Sie mit Freude und Spaß, haben Sie Erfolg. Wollen Sie etwas erzwingen, geht alles daneben. Golf ist wie Vertrieb. Etwas unbedingt erreichen zu wollen, stur und verbissen zu agieren, hilft nicht wirklich weiter. Der Profi macht neue Fehler, der Amateur wiederholt sie. Mit Leichtigkeit, Optimismus und Lernfreude ist es oft einfacher, erfolgreich zu sein.

jana jeske COACHING
Potenziale entfalten

Weniger ist mehr – weniger Anspannung, gleich mehr Gelassenheit. Oder: Weniger Anstrengung, gleich mehr Erfolg!

Wussten Sie, dass viele Menschen mit 80 % Aufwand nur 20 % ihres Erfolges erreichen? Und dabei könnten Sie mit 20 % Aufwand sogar 80 % ihres Erfolges erreichen! Ja, richtig. Falls Sie nun unsicher sind, ob Sie sich verlesen haben, so können Sie gern den vorherigen Satz noch einmal von vorn lesen. Woran liegt es, dass so viel Aufwand oftmals zu so wenig Erfolg führt? Dazu tragen zwei Phänomene bei.

Erstens: Das Paretoprinzip. Es wurde nach Vilfredo Pareto benannt, auch Paretoeffekt oder 80–20-Regel. Es erklärt, dass 80 % der Ergebnisse mit 20 % des Gesamtaufwandes erreicht werden. Die verbleibenden 20 % der Ergebnisse erfordern mit 80 % des Gesamtaufwandes die quantitativ meiste Arbeit. Die Lösung lautet danach: Wenn wir das RICHTIGE tun, erreichen wir mit wenig Aufwand sehr viel.

Zweitens: Unser Gehirn ist so programmiert, dass wir uns in gefühlten Stresssituationen vorzugsweise den dringenden Themen widmen, die von uns gefordert werden. Warum gefühlt? Weil dann im Gehirn entsprechende Zonen aktiviert werden, die Alarm signalisieren und auf »Überleben!« umschalten. Mit anderen Worten: Tue, was hier und jetzt gefordert wird! Und dass das nicht jenes ist, was uns voranbringt und nachhaltig wichtig ist, dürfte klar sein. Die Folge: Hektisches Abarbeiten kleiner dringender Aufgaben (Mails, Telefonate etc.).

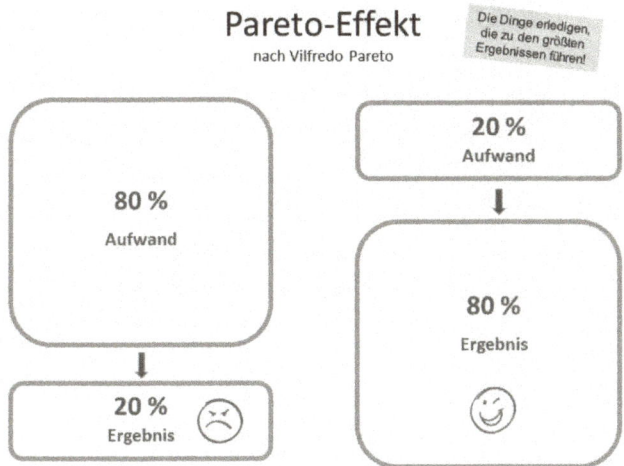

Was bedeutet das für unseren Arbeitsalltag? Vereinfacht ausgedrückt will uns das sagen: Mach, was dir wichtig ist und was dich deinen mittel- und langfristigen Zielen näherbringt. Sei entspannt und nicht falsch fokussiert. Wenn das nur so einfach wäre ... bei so viel Aufgaben und Zielen.

Offensichtich hat unser kläglicher Golfspieler viel Anstrengung auf sich genommen, um seinen Erfolg zu erreichen. Und fühlte sich dabei immer gestresster. Ihm war es nicht möglich, mit Leichtigkeit seine Energie einzuteilen.

#5 Coach dich selbst –
Was tue ich als Nächstes und warum?

- Wann fühle ich mich gestresst?
- Bin ich auch in Stresssituationen achtsam mir selbst gegenüber und fokussiert auf das, was mir wichtig ist?
- Indikator: Erreiche ich mit wenig Aufwand (etwa 20 %) die entscheidenden Aufgaben (etwa 80 %) meines Alltags?
- Was brauche ich, um fokussiert auf das Wesentliche zu sein?
- Was könnte mich davon abhalten, mit Leichtigkeit fokussiert zu sein?
- Wie könnte ich dem entgegensteuern?
- Wie könne ich meinem Alltag mehr Leichtigkeit verleihen?
- In welcher Situation im Alltag kann ich mehr Fokussierung (Ziel: das Richtige tun) und gleichzeitig Leichtigkeit (Ziel: kein Stress) üben?

NOTIZEN

CRM ODER NETWORKING? ODER BEIDES?

Es beginnt mit einer kleinen, unscheinbaren Pressemitteilung, in der ein neues Projekt angekündigt wird, das einen sehr innovativen und nachhaltigen Ansatz haben soll. Nach und nach sickern Details durch. Es werden genauere Angaben gemacht und die Zielrichtung, in die das Projekt gehen sollte, bekannt. Aufgeregt durchforsten viele Vertriebsleute die Fachpresse, die Ausschreibungsportale und andere Quellen, um an mehr Informationen zu kommen. Aber es ist wie verhext, es ist nicht viel zu finden – außer, dass es sich um ein Wohnbauprojekt mit einem sehr innovativen Ansatz handelt. Ansonsten ist nichts bekannt, weder der Bauherr noch der Bauträger noch der Investor.

Hinter vorgehaltener Hand werden Informationen ausgetauscht, aber es ist nichts zu machen. Offiziell gibt es keine weiteren Details. Vermutlich ist hier jemand mit einer Information vorgeprescht und wurde wieder zurückgepfiffen. Und dennoch – der Ehrgeiz von so manchen Vertriebsmitarbeitern ist geweckt. Denn wie heißt es so schön – wer schreibt, der bleibt. Und wenn es sich noch dazu um ein neuartiges, innovatives Projekt handelt, dann will man doch mit dabei sein.

Was also tun? Schauen wir mal genauer hin, was nun passiert. Fast alle Key-Account-Manager machen sich nun Notizen und legen ein neues Projekt in ihrem CRM-System an. Hier pflegen sie die wenigen Informationen ein, die sie haben. Es ist unbefriedigend wenig, aber was soll man machen. Auch Max und Moritz sind am Start. Beide haben die

Information auch gefunden und gehandelt. Max hat eine Opportunity in seinem System angelegt und mit einer Aufgabe verknüpft. Er hat seinen Vertriebsinnendienst beauftragt, weitere Recherchen durchzuführen, um an mehr Informationen zu gelangen. Auch hat er einen Wiedervorlagetermin angelegt, in dem er festlegt, wann er sich wieder damit beschäftigen wird. Moritz hat genau dasselbe gemacht, auch in seinem System findet sich das Projekt.

Beide beschäftigen sich weiter mit ihrem Tagesgeschäft, vereinbaren Termine und besuchen Kunden, um neue Aufträge zu generieren oder Beratungen durchzuführen. Während Max sich streng an seine Vorgaben hält und einen Termin nach dem anderen erledigt und sich auf seine Kunden konzentriert und nur mit diesen kommuniziert, macht Moritz teilweise ganz andere Dinge. Er selektiert seine Kundenbesuche nach Wichtigkeit und besucht nur diejenigen, die wirklich Bedarf an einem Gespräch haben. Die anderen betreut er telefonisch und hält so guten Kontakt.

Aber auf seinen Dienstreisen trifft er sich mit Kollegen aus anderen Firmen, die im selben Umfeld arbeiten. Meistens trifft er diese zu einem Mittagessen oder auf einen kurzen Kaffee. Es geht in diesen Gesprächen nicht immer nur um das Business, sondern auch um Smalltalk und Informationen zwischen den Zeilen. Und immer schwebt dieses neue, spannende Projekt in seinem Hinterkopf. Immer wieder bekommt er kleine, scheinbar unwichtige Informationen. Von einem Kollegen erfährt er, dass ein bekanntes Planungsbüro neue Leute eingestellt hat, von einem anderen, dass sie sich neue Software angeschafft haben. Und dann sieht er einen Mitarbeiter zusammen mit einem Vertreter eines Dienstleisters beim gemeinsamen Mittagessen. Nachdem er seine Informationen geprüft hat, weiß er nun, dass genau dieses Unternehmen mit dem Planungsbüro zusammenarbeitet. Und so fügt sich Puzzleteil in Puzzleteil.

Max hingegen vergisst das Projekt und erinnert sich erst

wieder daran, als es in seinem CRM als Erinnerung auftaucht. Er fragt beim Innendienst nach, ob es was Neues gibt und bekommt die Information, dass noch keine neuen Informationen vorliegen. Also wird es wieder in die Wiedervorlage gelegt und ein neuer Termin angelegt. Das Interessante daran ist, dass er in dieser Zeit auch noch bei dem Planungsbüro, das das neue Projekt bearbeitet, einen Termin hat, allerdings in einer ganz anderen Gelegenheit. Und überall sind Hinweise auf das neue Projekt zu sehen, aber er registriert sie nicht, weil sie für ihn gerade nicht wichtig sind.

Moritz hingegen hat sich nun sein Bild gemacht, und er glaubt zu wissen, was da im Busch ist. Er stellt fest, dass das Planungsbüro, um das es geht, noch nicht zu seinen Kunden zählt. Und Kaltakquise mit Bezug auf ein neues, noch ziemlich geheimes Projekt zu machen, das ist eine gewagte Angelegenheit. Wenn er direkten Kontakt aufnimmt, läuft er Gefahr, dass er preisgibt, Informationen zu haben, die noch keiner wissen soll. Damit würde er sich nicht unbedingt das Vertrauen der handelnden Personen erarbeiten. Nun ist guter Rat teuer. Aber kein Problem. Moritz setzt sich an seinen Rechner, recherchiert ein wenig und schon hat er eine Lösung. Er greift zum Telefon und ruft den Gebietsleiter eines anderen Unternehmens an, plaudert ein wenig mit ihm und vereinbart einen Termin zum Mittagessen. Es passt auch ganz gut, denn der gute Mann hatte ja gerade Geburtstag.

Zum Termin erscheint er ziemlich gut vorbereitet. Er hat alle Informationen aufgeschrieben und zusammengefügt. Während des Essens lenkt er nun geschickt das Gespräch auf das Planungsbüro und mit kleinen, unauffälligen Fragen und Informationen, die er preisgibt, wird es zur Gewissheit: Hier befindet sich das Zentrum des Projektes. Sein Kollege hat dieselbe Vermutung und nun sprechen sie ganz offen über ihre Informationen und es passt. Beide sind nun schon einen Schritt weiter. Aber Moritz hat immer noch keinen Kontakt zu den Planern.

> »Sein Kollege hat dieselbe Vermutung und nun sprechen
> sie ganz offen über ihre Informationen und es passt.
> Beide sind nun schon einen Schritt weiter.«

Während er zum nächsten Termin fährt, überlegt er, was zu tun ist. Er wirft einen Blick auf seine Notizen und findet einen weiteren, wertvollen Hinweis. Dann greift er zum Telefon und ruft einen Investor an, mit dem er schon einige Projekte zusammen gemacht hat. Nach einem kurzen Smalltalk wird er konkreter und fragt nach einem spontanen Termin. Und siehe da, er bekommt diesen Termin, der nur zwei Stunden später stattfinden wird.

Max ist weiter fleißig, besucht einen Kunden nach dem anderen, gewinnt auch so manchen Auftrag. Er ist voll damit beschäftigt, seine Termine abzuarbeiten. Moritz nutzt seine Zeit effektiv mit Recherchen und Nachfragen. Und so bekommt er bei seinem nächsten spontanen Termin bei einem Investor tatsächlich die Information, nach der er gesucht hat. Nun weiß er konkret, um was es geht, wer dahintersteht und wer die Planungen und Ausschreibungen durchführt. Und das Wichtigste: Er hat einen konkreten Ansprechpartner und eine Empfehlung des Investors in der Tasche.

Moritz ruft am nächsten Tag beim Planer an. Aber die Dame in der Telefonzentrale ist bestens geschult. An ihr kommt er nicht vorbei. »Verflixt. Nun also doch Trick 17«, denkt Moritz und ruft seinen Kunden an und bittet ihn, doch eine Empfehlungsmail an den Planer zu senden und ihn eine Kopie der Mail zuzuschicken. Einige Stunden später ruft er wieder an, erklärt der Dame in der Zentrale, dass der Ingenieur auf einen Rückruf von ihm wartet. Nach einer kurzen Wartezeit wird er durchgestellt. Der Rest ist Routine – der Termin wird vereinbart.

Als Moritz eintrifft, stellt er sofort fest, dass der Planer eigentlich keine Lust auf den Termin hat. Er spürt die deutliche Abwehrhaltung im Gespräch. Aber Moritz hat gar nicht vor, etwas zu verkaufen. Er stellt sich und sein Unternehmen vor. Und einige Projekte, die er betreuen durfte. Dass es sich auch um Projekte handelte, an denen der Planer, der gerade vor ihm sitzt, involviert war, ist das Ergebnis guter Recherche. Die Stimmung kippt, Interesse ist zu spüren. Der Planer fragt sich, warum er Moritz noch nicht kennt, denn sowohl die Produkte als auch die Preise würden passen. Innovation und Flexibilität, das fehlt ihm ein wenig bei seinem derzeitigen Partner, und bei Moritz bekomme er, was er sich vorstellt. Moritz beendet das Gespräch und verabschiedet sich. Der Planer ist erstaunt. Moritz hat ihn überzeugt und dennoch nicht versucht, etwas zu verkaufen. Und Moritz ist zufrieden, denn er weiß, dass er in der folgenden Ausschreibung mit von der Partie sein wird.

Drei Wochen später wird eine Ausschreibung veröffentlicht, die sehr interessant ist. Auch Max bekommt sie auf dem Tisch und ist erst erstaunt, dann etwas verwundert. Das Planungsbüro, von dem die Ausschreibung kommt, ist sein Kunde, und nun stehen plötzlich die Produkte des Wettbewerbers als Ausschreibungsgrundlage in den technischen Angaben. Etwas verärgert ruft er nun dort an und macht seinem Unmut am Telefon Luft. Er fragt, was das soll, man habe doch immer gut zusammengearbeitet. Die Antwort? Nun, wenn der Auftraggeber das so möchte, dann müssen wir das auch so machen. Selbst der Einwand, dass das bisher immer anders gehandhabt wurde, hilft nicht. Enttäuscht notiert er in seinem CRM: Projekt verloren an Wettbewerber.

Wer oft und viele Fragen stellt, wird manchmal als neugieriger Mensch abgestempelt. Aber wer nicht fragt, der bekommt auch keine Antworten. Daher: gezielt nachfragen, Informationen einholen und dann Erfolg haben.

Warum Veränderung nicht so einfach ist – der Maisfeld-Effekt

Unser Gehirn ist darauf programmiert, energieschonend zu arbeiten. Das heißt, es versucht zu automatisieren, was sich automatisieren lässt. So müssen wir beim Schalten im Auto nicht aktiv nachdenken, was zu tun ist, und beim Klingeln des Telefons ebenso nicht. Wir tun es, aus Gewohnheit und Erfahrung. Das steuert das Gehirn, um Energie für den zu bewältigenden Alltag bereitzuhalten. Und auch, um uns in Notsituationen durch genügend Energie eine schnelle Handlung zu ermöglichen. Denn würden wir über alle automatisierten Prozesse nachdenken müssen (wie bekomme ich das Bein in die Hose? Wie die Zahnpasta auf die Zahnbürste? Wie den Kaffee in den Mund? Das Telefon klingelt – und nun?), würden wir wahrscheinlich sogar verhungern … vor lauter Aufwand. Nur leider führt das auch dazu, dass unser Gehirn Veränderungen erst einmal nicht voller Freude begrüßt, sondern abwenden möchte. Also lieber auf seine automatisierten, gelernten Prozesse zurückgreift.

Doch wann gelingt Veränderung – beim Menschen oder auch in Unternehmen? Das ist eigentlich ganz einfach: Durch Leid oder Vision. Bei den meisten jedoch erst durch Leid. Warum? Ganz einfach: Weil ihnen die Vision fehlt! Oder sie noch nicht genug leiden. Manche Menschen sind wirklich zäh und können viel Leid ertragen, bevor sie sich verändern. Am besten kann man das bei Menschen erkennen, die ausgebrannt sind, also einen Burn-out haben. Sie leiden so viel und sind trotzdem nicht in der Lage zur Veränderung. Was ist der Grund dafür? Wo sie doch offensichtlich sehr leiden. Nun ja, leider ist unser Körper ein sehr schlaues und anpassungsfähiges Wesen. Je mehr Stress er erfährt, desto mehr stellt er sich darauf ein und passt sich an. Und dann wird es immer schwieriger, ihn wieder auf »Entspannung« zu trainieren. Aber das ist ein anderes Kapitel. In jedem Fall ist es hilfreich, aufgrund neuer Visionen Ziele oder lebenslange Anliegen zu modifizieren. Denn verändern wir uns durch Leid, kostet es doppelte Kraft. Es kostet natürlicherweise schon jede Menge Energie, sich zu korrigieren. Was ich Ihnen gern mitgeben möchte ist, sich selbst gegenüber achtsam zu sein. Und den richtigen Zeitpunkt für Ihre persönlichen Veränderungen zu finden. Am besten durch eine Vision, und nicht erst durch Leid.

Nun gibt es ja viele Menschen, die mit Visionen unterwegs sind, voller Tatendrang sind und Veränderungen angehen möchten – und damit dennoch erfolgreich scheitern. Wie blöde, wo sie doch so gute Ideen und einen ausgeprägten Willen haben. Zu schade, dass so viel Potenzial ungenutzt bleibt. Woran liegt das? Wir wissen, dass unser Gehirn ressourcensparend arbeitet, es zu Veränderungen Leid oder Vision braucht und sehr viel Kraft. Um also gegen die Automatisierung in unserem Gehirn zu arbeiten und gleichzeitig womöglich auch noch mit dem Gegenwind unserer Mitmenschen umzugehen, die durch unser Verhalten zum Beispiel irritiert sind, braucht es vor allem eines: Zeit.

Zeit, um sich der Dinge selbst bewusst zu werden (was will ich und warum?). Zeit, um Erfahrungen zu sammeln. Zeit, um in automatisierten Gehirnprozessen neue Wege »einzutrampeln«. So, wie in einem Maisfeld. Dort gibt es bekannte, große Wege, die immer gegangen wurden. Wollen wir neue schaffen, müssen wir zunächst viel Kraft aufwenden und immer wieder neue Anläufe nehmen, nachdem wir oft auf halbem Weg wieder umgekehrt sind und dann doch wieder die alten Pfade genommen haben. Es braucht also mehrere Anläufe und Versuche, um diese neuen Wege zu solch größeren in unserem Maisfeld zu machen, bis sie schließlich eine neue, automatisierte Variante geworden sind, die unser Gehirn als wertvolle Erfahrung abgespeichert hat.

Fassen wir zusammen: Für Veränderungen benötigen wir eine große Portion (Selbst-)Bewusstsein, eine ebenso große Portion Frustrationstoleranz und Selbstfairness sowie Durchhaltevermögen. Und schließlich beginnt selbst die längste Reise erst mit dem ersten Schritt.

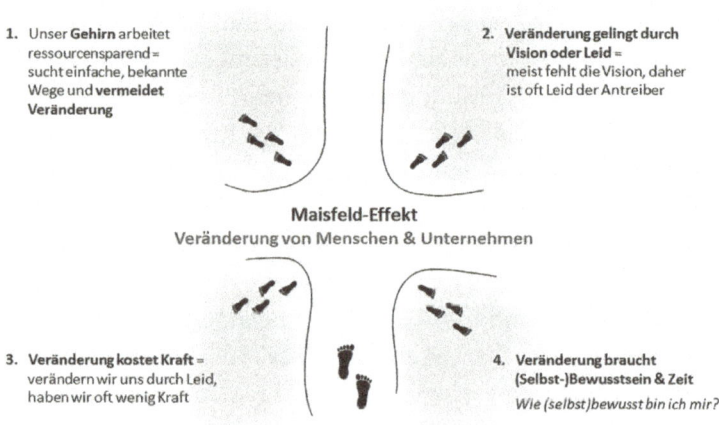

1. Unser **Gehirn** arbeitet ressourcensparend = sucht einfache, bekannte Wege und **vermeidet Veränderung**

2. **Veränderung gelingt durch Vision oder Leid =** meist fehlt die Vision, daher ist oft Leid der Antreiber

Maisfeld-Effekt
Veränderung von Menschen & Unternehmen

3. **Veränderung kostet Kraft =** verändern wir uns durch Leid, haben wir oft wenig Kraft

4. **Veränderung braucht (Selbst-)Bewusstsein & Zeit** *Wie (selbst)bewusst bin ich mir?*

#6 Coach dich selbst – Wie verändere ich mich oder eine Situation?

- Wann habe ich mich zuletzt verändert?
- Erfolgte dies durch erfahrenes Leid oder durch eine Vision?
- Was hat die Veränderung positiv beeinflusst?
- Gibt es Veränderungen, die ich angehen möchte?
- Habe ich eine Vision, die ich umsetzen möchte?
- Was ist mein größter Widerstand, um mich zu verändern?
- Wie kann ich diesen überwinden?
- Was kann mein erster Schritt für meine nächste Veränderung sein?

»Wer tut, was er immer getan hat, wird bekommen,
was er schon immer bekommen hat.«
ABRAHAM LINCOLN

MANCHMAL MUSS MAN UMWEGE GEHEN

Die Flugbesen-GmbH hat einen neuen Flugbesen auf den Markt gebracht. Er ist nicht nur schneller und schnittiger als alle Vorgänger und alle Wettbewerbsprodukte, sondern auch noch unglaublich effizient und leise. Nahezu geräuschlos kann man damit in einer unglaublichen Geschwindigkeit durch die Lüfte gleiten, und dank der extremen Effizienz ist eine deutlich längere Reisestrecke möglich als bisher. Der Hersteller hat sich auch über das Handling Gedanken gemacht und dem Flugbesen nicht nur ein neues, schnittiges Outfit verpasst, sondern auch die Bedienerfreundlichkeit steigern können. Dank moderner Elektronik und Sensorik werden Unfälle nach menschlichem Ermessen unmöglich. Techniker und Designer haben ganze Arbeit geleistet. Kurzum, das Gesamtpaket ist einzigartig und mit keinem Wettbewerbsprodukt vergleichbar. Dazu kommt, dass das neue Modell nun auch umweltfreundlich ist, da es mit biologisch hergestellten Produkten betrieben werden kann. Und nun, nachdem der TÜV die Freigabe erteilt hat, beginnt der Verkaufsstart.

Die Marketingabteilung war in der Zeit der Entwicklung in den gesamten Prozess involviert und hat den Vorgang dokumentiert, Filme, kurze Spots gedreht, Fotos gemacht und ausgewählte Informationen via soziale Medien an die Kunden kommuniziert. Aber die Flugbesenflieger sind nicht so leicht zu begeistern, sie wollen beim Einkauf immer vergleichen. In erster Linie spielt der Preis eine Rolle.

Die Händler kaufen nur mit Ausschreibungen ein und brauchen für eine Kaufentscheidung immer mehrere Angebote, die dann in Vergabeverhandlungen verhandelt und beauftragt werden. Eine schwierige Situation für die Hersteller, wenn sie ein Produkt voller Alleinstellungsmerkmale anbieten. Zudem fordert auch der Gesetzgeber hohe Effizienz, Sicherheit und Umweltfreundlichkeit.

Nun geht es für den Vertrieb um eine Strategie, um dieses neue, innovative Produkt erfolgreich am Markt zu platzieren. Schnell ist klar, dass man mit der Beteiligung an Ausschreibungen nicht weit kommen wird, denn dank fehlender Wettbewerbsprodukte wird es in Ausschreibungen nicht berücksichtigt werden. Hinzu kommt, dass die Wettbewerber mit den Standardprodukten günstiger in der Anschaffung sind. Auch der Großhandel reagiert verhalten, denn mit Innovationen ist man in der Vergangenheit auch schon manches Mal baden gegangen. Mit den normalen, bisherigen Vertriebsmodellen kommt man hier nicht weiter.

Und nun machen sich eine Menge von Spezialisten Gedanken darüber, wie man am besten vorgehen sollte. Der Konzern gibt umfangreiche Mittel für eine Kampagne frei, um Werbung zu machen. Ein Videoclip soll gedreht werden, der dann im Kino und im Fernsehen gezeigt wird. Auch ein Radiospot ist geplant, und nun wird ein glaubwürdiges Modell für all diese Aktivitäten gesucht. Während all diese Spezialisten tüfteln, ist Moritz unterwegs. Er hat sich die Datenblätter und Unterlagen aus der Technik geholt und Termine vereinbart. Nein, er fährt nicht zu den Großhändlern, denn da war Max ja schon. Er hat andere Ziele.

Er hat sich schlau gemacht, wo er welche Hebel bewegen könnte, um ein Pilotprojekt für den neuen Flugbesen zu finden. Und siehe da, bei einem Verein, der mit viel Prominenz an Bord für nachhaltige und effiziente Mobilität kämpft, ist er fündig geworden. Heute hat er einen Termin beim Vorstand, um über dieses Thema zu sprechen. Ohne die Katze aus dem Sack zu lassen und erklären zu müssen, warum er wirklich unterwegs ist, hat er den Termin bekommen. Und wie es der Zufall so will, bereitet dieser Verein gerade einen Kongress vor, in dem es um Mobilität, Umweltfreundlichkeit, Flexibilität und Nachhaltigkeit geht. Aber so richtig weitergekommen ist man noch nicht, weil es in der Branche an Innovationen mangelt.

Und so kommt Moritz zur rechten Zeit. Er hört sich die Probleme des Vorstandes an und denkt nach. Plötzlich ist er mitten im Planungsgespräch für den Kongress und scheinbar nebenbei erwähnt er das neue Modell seiner Firma. Er zeigt die ersten Bilder und einen kurzen Film aus der Entwicklungszeit und stellt die technischen Daten vor. Und erntet Begeisterung. ABER der Kongress darf ja keine Verkaufsshow werden. Was ist zu tun? Schnell ist die Idee da – man tüftelt über ein gemeinsames Projekt, das real schon existiert und wo der Fachwelt schon klar ist, dass dieses Projekt allem Anschein nach doch nicht so toll wird, wie von manchen erwartet. Ja, es gibt Fortschritte, aber nicht die gewünschten Quantensprünge. Und so macht Moritz den Vorschlag, das Projekt doch noch mal neu zu rechnen und die Daten seines Flugbesens einzubauen. Und siehe da – die Ergebnisse gehen genau in die gewünschte Richtung.

Während Max noch mit der Marketingabteilung über die richtige Strategie des Marketings diskutiert und so kaum in den Außendienst kommt, sitzt Moritz mit seinen Kunden im Planungsbüro und tüftelt an echten Projekten. Und es passt alles. Der Kunde ordert nun 100 Stück der neuen Modelle, hat allerdings auch einige Sonderwünsche hinsichtlich des Designs und der Lackierung und des Brandings. Es ist aber ganz wichtig, dass das Projekt noch geheim bleibt, denn es soll ja erst beim Kongress vorgestellt werden und für ein großes AHA sorgen.

> »Und dann kommt der große Moment, alle Reden
> sind geredet und nun geht es an das Go-Live: Der
> Vorhang hebt sich, die Präsentation beginnt ...«

Nun gibt es aber ein Problem mit dem Arbeitgeber von Moritz, denn die Firma möchte natürlich diesen ersten Verkaufserfolg auch gern kommunizieren und Kapital daraus schlagen. Es kostet viel Mühe, den Vorstand und die Vertriebsleitung davon zu überzeugen, stillzuhalten und nur diese zwei Monate abzuwarten. Moritz ist sich total sicher, dass der große Erfolg dann kommen wird.

Schnell vergeht die Zeit, die Geräte werden geliefert, und die Testläufe liefern nicht nur die erwarteten Ergebnisse, sondern übertreffen diese sogar noch. Mitten in der Testphase fallen noch ein paar Kleinigkeiten auf, die am Gerät verbessert werden können, um es noch anwenderfreundlicher zu machen. Es ist kein Problem für die Entwicklungs- und Produktionsabteilung, die Optimierungen noch einzubauen. Und rechtzeitig zum Kongress ist alles fertig. Das Projekt steht, die Referenten bereiten sich auf ihre Beiträge vor, die Schritt für Schritt zum großen Finale, dem Go-Live für das neue Projekt führen werden. Alle reden über das Projekt und niemand über die Geräte, die Moritz hier geschickt platziert hat.

Der Kongress ist ein voller Erfolg, Pressevertreter aus der ganzen Welt sind da, Fernsehteams haben ihre Übertragungswagen aufgebaut, und Reporter schwirren auf der Jagd nach neuen Informationen durch die Gegend. Man spricht von der neuen Mobilität und neuen Konzepten, die das möglich machen, von der unglaublichen Effizienz und den scheinbar unbegrenzten Möglichkeiten, die sich hier auftun. Und mittendrin, unter all den Messeständen, steht ein kleiner Stand, den Moritz hier aufgebaut hat. Geduldig wartet er ab, denn er weiß, dass seine große Stunde kommen wird.

Und dann kommt der große Moment, alle Reden sind geredet und nun geht es an das Go-Live. Der Vorhang hebt sich, die Präsentation beginnt. Und sie ist erfolgreich. Die Konkurrenz ist sprachlos, damit hat man nicht gerechnet, dass ausgerechnet das kleine Unternehmen aus Hintertupfinghausen hier mitten in dieser großartigen Präsentation die Hauptrolle einnimmt, denn erst mit diesen Geräten wurde die Vision der Planer möglich.

Moritz steht auf der Bühne und präsentiert mit ruhigen, sachlichen Worten das Konzept und die Technik, die hier eingesetzt wurden. Es ist nichts Neues, aber es ist großartig, denn hier wurden alle Innovationen, die technisch möglich sind, mit altbewährter Technik kombiniert und ein effizientes, robustes Gerät auf die Beine gestellt. Und die Rechnung ist aufgegangen. Für diesen Erfolg war es einfach nötig, nicht das eigene Know-how anzupreisen. Denn man ist an anderer Stelle ja schon an der Skepsis des Groß- und Fachhandels gescheitert.

Moritz hat es geschickt anders gemacht – er hat sich ein Projekt gesucht, das zu seinem Produkt passt und dieses Projekt in den Vordergrund gestellt. Und so erfolgreich ohne großen Aufwand seine Geräte am Markt positioniert und Maßstäbe für die Zukunft gesetzt.

FAZIT: Manchmal lohnt sich ein Umweg! Oder auch ein ungewöhnlicher Weg. Manchmal ist es besser, andere großzumachen, um selbst zu wachsen und Erfolg zu haben.

Ungewöhnliche Situationen brauchen ungewöhnliche Wege – oder große Kreativität

War es Max' Altruismus, der ihn aufgehalten hat, erfolgreich zu sein? War es Moritz' Kreativität, die ihn zum Erfolg geführt hat? Ungewöhnliche Situationen erfordern besondere Kreativität. Also ein Denken vom weißen Papier, ganz neu und unbefangen. Die Devise von Moritz lautet:

Je ungewöhnlicher die Situation, desto mehr kreatives Denken brauchen wir!

Damit hatte er ein Pilotprojekt, als andere noch nach einer Strategie suchten. Max würde sagen: »Ist es nicht heikel, mit einem halbfertigen Produkt zu starten?« Eben nicht, denkt sich Moritz. »Denn wie soll es gut werden, wenn wir nicht real erforschen, wo noch Potenzial zur Verbesserung steckt? Wir müssen experimentieren, um besser zu werden.« Die Devise von Moritz lautet:

Je komplexer die Anforderung ist, desto mehr lass uns mit Experimentierfreude spielen!

Was braucht es, um so erfolgreich handeln zu können? Vielleicht braucht es vor allem Mut, gegen den Strom zu handeln sowie Fehlertoleranz zum Experimentieren. Und eine selbstbewusste Persönlichkeit, die einfach mal etwas anders macht.
  Sicherlich ist in einigen Situationen eine Persönlichkeit wie Max gefragt und erfolgreich. Hier war es weniger der Fall. Sein Einsatz kommt bestimmt, wo auch immer.

#7 Coach dich selbst – Wer bin ich?

- Was prägt meine Persönlichkeit? Eher Altruismus oder Kreativität und Experimentierfreude?
- Bin ich eine Persönlichkeit, die innovativ mit einer Vision vor Augen handelt oder jemand, für den Sicherheit und Routine wichtig sind?
- Wie kann ich über mich hinauswachsen? Welche Anteile würden mir guttun, um mehr Variabilität im Handeln zu gewinnen?

NOTIZEN

VERBINDUNGEN SCHAFFEN

Eine lange Woche ist endlich vorbei, die Messe ist gut gelaufen und nun sind alle Teilnehmer müde auf dem Heimweg. Die langen Schlangen am Flughafen gleichen einer Pinguinwanderung. Viele Menschen mit dunklen Anzügen und weißen Hemden stehen mit ihren Koffern an der Seite an, um endlich einchecken und nach Hause fliegen zu können. Es ist auffallend ruhig, alle scheinen froh zu sein, dass die Woche vorbei ist.

Mitten in der Schlage steht auch Max. Auch er hat eine harte Woche hinter sich. Am Stand seines Unternehmens war unglaublich viel los und er ist froh, dass er alle Termine abarbeiten konnte. Nun ist er in Gedanken, wie er die ganzen Informationen bearbeiten will. Er telefoniert mit seiner Assistentin und gibt ihr schon jetzt viele Anweisungen und Aufträge weiter. Sie ist extra länger im Büro geblieben, da sie aus Erfahrung weiß, dass das nach jeder Messe passiert. Max ist auch etwas genervt, weil die Damen und Herren am Check-in seiner Meinung nach zu langsam sind, und er hofft, dass er seinen Flug noch erwischt. Seine Stimme wird im Laufe des Telefonates immer lauter und er wird zunehmend ungeduldig. In der Schlange neben ihm gibt es Leute, die ersichtlich genervt sind, denn sie fühlen sich gestört.

So mancher denkt sich sogar, dass sie froh sind, nicht Kunden oder Geschäftspartner von Max zu sein. Denn was er hier so in aller Öffentlichkeit an Daten und Informationen weitergibt, ist in einigen Fällen ganz bestimmt nicht für fremde Ohren bestimmt. Und der eine oder andere hat langsam auch Mitleid mit der Assistentin, die diesen rauen

Ton abbekommt und länger arbeiten muss. Langsam geht es voran, und endlich steht auch Max vor dem Check-in-Schalter, mit dem Telefon am Ohr und dem Koffer in der Hand. Er wirft der Dame das Ticket hin, reißt den Koffer hoch und hievt ihn auf das Band, während er weitertelefoniert. Die Dame am Schalter hat eine Frage, die er überhört, weil er ins Telefon brüllt. Dann registriert er doch, dass es eine Frage gibt. Genervt stöhnt er ins Telefon: »Warten Sie bitte einen Moment, hier funktioniert wieder gar nix!«, und nimmt das Telefon vom Ohr.

Er hat das falsche Ticket vorgelegt und nun sucht er unwillig und hektisch in seiner Tasche nach dem richtigen, wobei er der Mitarbeiterin der Airline einen unwilligen Blick zuwirft. Hinter ihm in der Schlange werden Menschen allmählich unruhig. Die Stimmung beginnt zu kippen. Endlich hat er das richtige Ticket, der Check-in erfolgt und hektisch telefonierend eilt er zum Flugsteig. Als er außer Sichtweite ist, entschuldigt sich ein Kollege von Max, der in der Nähe stand, bei der Mitarbeiterin für seinen Kollegen. Man hat ihn daran erkannt, dass er dasselbe Firmenlogo an seinem Revers trug.

Etwas weiter hinten in der Schlage steht auch Moritz. Auch er ist müde und froh, endlich die Heimreise antreten zu dürfen. Er hat sich nach Ende der Messe noch eine Stunde Zeit genommen und die wichtigsten Dinge direkt am Messestand erledigt. Dann hat er sich ein Taxi genommen und auf der Fahrt einen kleinen Plausch mit dem Fahrer gehalten. Mit dem Koffer in der Hand betritt auch er die Halle und stellt sich an. Sein Handy hat er schon abgeschaltet, da er alles, was wichtig war, schon erledigt hat. Er holt sich einen Kaffee, stellt sich in die Schlange und beobachtet das Treiben.

Aufmerksam und kopfschüttelnd beobachtet er seinen Wettbewerber, der weiter vorne in der Schlange Hektik verbreitet. »Der lernt das nie«, denkt er sich. Ihm entgeht nicht, dass auch andere das beobachten, und schon bald spricht ihn eine der Wartenden an. Sie unterhalten sich kurz, wundern sich beide über das Verhalten und kommen so ins Gespräch. Die Unterhaltung nimmt einen interessanten Verlauf. Moritz erfährt, was seine Gesprächspartnerin macht und warum sie bei der Messe war. Und er stellt fest, dass sie direkt eigentlich keine Anknüpfungspunkte haben. Aber der Mensch, der neben ihm steht, ist interessant und so nimmt das Gespräch einen entspannten Verlauf.

Irgendwann stellen sie fest, dass sie im selben Flugzeug sitzen werden und, welch Zufall, auch in derselben Reihe. Beide freuen sich nun auf einen entspannten Flug. Nach dem Check-in geht es schnell zum Flugsteig, sie können direkt in den Flieger einsteigen und nehmen Platz. In derselben Reihe sitzt auch Max, der immer noch hektisch und mittlerweile ziemlich unhöflich mit seiner Assistentin telefoniert. Die Flugbegleiterin beginnt mit der Ansage, Max telefoniert. Die Flugbegleiterin ist mit der Ansage fertig, das Flugzeug wird abgedockt, Max telefoniert. Die Flugbegleiterin kommt zum Platz von Max und fordert ihn auf, das Telefonieren einzustellen. Max reagiert unwillig, blafft seine Assistentin am Telefon noch einmal an und zischt: »Am Montag sprechen wir uns, und ich hoffe, es geht nichts daneben!« Dann legt er auf, wirft der Flugbegleiterin einen unfreundlichen Blick zu und verstaut sein Telefon.

Weiter hinten unterhalten sich Moritz und seine Gesprächspartnerin entspannt über aktuelle Geschehnisse und über die Messe. Sie sind relaxt und freuen sich auf zu Hause. Das Flugzeug hebt ab. Und während das Gespräch so vor sich hinplätschert, erwähnt Frau Meyer, seine Gesprächspartnerin, dass ihr Unternehmen an einem ganz neuen Projekt dran ist, das das Zeug hat, ein wirklicher Paukenschlag in der Branche zu werden.

> »Und während das Gespräch so vor sich hinplätschert, erwähnt seine Gesprächspartnerin, dass sein Unternehmen an einem ganz neuen Projekt dran ist ...«

Plötzlich ist Moritz hellwach. Er hat ja auch ein Projekt seiner Firma im Hinterkopf, das wegen einiger logistischer Probleme ins Stocken geraten ist. Und hier, neben ihm, hier sitzt vielleicht die Lösung. Dass Frau Meyer eigentlich an eine ganz andere Richtung im Vertrieb denkt, spielt keine Rolle. Vorsichtig fragt Moritz nach. Und bekommt noch einige Informationen. Aber hier sind viele andere Menschen, für die diese Informationen nicht bestimmt sind. Er lenkt das Gespräch wieder auf andere Themen und so vergeht die Zeit tatsächlich wie im Flug.

Nach der Landung, als beide zum Kofferband gehen, sehen sie Max, der schon wieder telefoniert und sichtlich verärgert ist. »Nichts funktioniert, wenn man es braucht!«, ruft er ins Telefon und jeder in der Halle hört ihn. Einige Mitreisende schauen missbilligend zu ihm und sind froh, dass er endlich seinen Koffer hat und verschwindet.

Auch Moritz und Frau Meyer haben nun ihre Koffer. Sie gehen aus der Halle, und als sie an einem Café vorbeikommen, lädt Moritz seine Gesprächspartnerin auf einen Kaffee ein. Sie setzen sich an einen Tisch in einer ruhigen Ecke und nun kommt Moritz auf den Punkt. Er erwähnt das Projekt seiner Firma und beide stellen Schnittmengen fest. Sie tauschen ihre Daten aus und vereinbaren einen Gesprächstermin. Dann geht es endlich nach Hause.

Einige Wochen später findet das Treffen mit Spezialisten aus beiden Unternehmen statt. Nach der Vorstellung der Projekte sieht man tatsächlich, dass eine Kooperation der Unternehmen für beide Partner enorme Vorteile bringen würde und beschließt, nun die Geschäftsleitungen einzuschalten und weitere Gespräche zu führen. Die Entwicklung macht nun rasante Fortschritte und gemeinsam präsentiert man genau ein Jahr später auf der Messe das Ergebnis. Die Fachwelt staunt. Max hat sich die Präsentation seines Wettbewerbers auch angesehen und man kann ihm seine Enttäuschung ansehen. Das ist genau das, was er auch wollte. Deshalb war er vor einem Jahr auch auf dieser Messe.

Seine Kunden, die er im Laufe dieser Messe trifft, sprechen ihn auf das neue Produkt des Wettbewerbers an und fragen, ob sein Unternehmen das auch plant oder eine adäquate Lösung anbieten kann. Er reagiert unwillig und ist genervt, weil sein Unternehmen eben genau das nicht kann, während sein Wettbewerber sich vor Aufträgen nicht mehr retten kann.

FAZIT DES TAGES: Seien Sie aufmerksam, hören Sie zu und nutzen Sie jedes Gespräch als Chance, auch, wenn Sie die etwaigen Folgen noch gar nicht absehen können. Jedes Gespräch auf einer Dienstreise kann ein Gewinn sein!

Kräfte & Energie richtig verteilen: Umsatz erhöhen

Warum ist Max oft so gestresst und Moritz meist entspannt? Wieso erreicht Moritz vieles mit Leichtigkeit und Max weniger mit viel Aufwand? Es zeigt uns, dass manche Menschen mit wenig Energie viel Erfolg generieren, andere mit viel Kraft nur wenig. Das Richtige zum richtigen Zeitpunkt am rechten Ort zu tun, braucht sicherlich Erfahrung. Das Pareto-Prinzip wurde bereits beschrieben. Es braucht aber vor allem eine gute Selbstführung – und eine Portion Gelassenheit.

Warum gelingt es also dem einen und dem anderen nicht? Was braucht es für eine gute Selbstführung? Max plant schließlich gut vor, plant gut nach, ist nun wirklich nicht arbeitsscheu oder nachlässig. Moritz hingegen konzentriert sich vor allem auf das Wesentliche. Und nicht allein auf das, was ihm vorgegeben wird. Was also erhöht tatsächlich unseren Umsatz? Offensichtlich nicht, sich strikt an CRM, Kundenpflege, Messeaufbau und Ausschreibungen zu halten.

Worauf fokussiert sich Moritz? Er richtet sein Handeln genau auf das aus, was dazwischen passiert – zum Beispiel auf frühere Anreisen und nicht geplante Gespräche. Er tritt mit Gelassenheit zurück, wenn andere sich selbst in den Vordergrund stellen und nutzt die Zeit nach einer Messe, um nachhaltige Beziehungen aufzubauen. Max würde an dieser Stelle vermutlich sagen: »Das ist doch verschwendete Zeit, kostet meine Freizeit, und außerdem gewinne ich hier heute keine Kunden!« Sicherlich, nicht direkt neue Kunden, aber indirekt. Neue Kontakte, neue Beziehungen, wichtige Informationen – auf dem Weg zu neuen Kunden. Es ist also eine Investition, um den Umsatz im Vertrieb mit Leichtigkeit zu erhöhen. Mit Leichtigkeit deshalb, weil Moritz dabei natürlich und authentisch bleibt. Denn Moritz »verkauft« nicht direkt und offensiv, sondern bietet Lösungen für Menschen und Unternehmen, die dankend angenommen werden. Und das gelingt ohne Druck, natürlich und selbstverständlich viel leichter. Einfach deshalb, weil Druck immer den Effekt hat, Gegendruck zu erzeugen. Und Leichtigkeit und Natürlichkeit im Vertrieb Vertrauen schafft. Vertrauen durch gute Beziehungen, etwas Elementares, um zu investieren!

Wer investiert schon gern in etwas, wenn er kein Vertrauen darin hat? Moritz investiert also Zeit und Gespräche, gepaart mit Offenheit und Flexibilität in jeder Situation. Damit gibt er einen Vertrauensvorschuss, ohne direkt einen neuen Kunden zu gewinnen. Nicht heute, nicht morgen. Aber vielleicht übermorgen. In jedem Fall investiert er in ein gutes Netzwerk aus Kollegen und Beziehungen, Berufs- und Lernerfahrung. Und das ist ihm mehr wert, als sofort einen neuen Kunden zu gewinnen.

#8 Coach dich selbst – Arbeite ich noch oder netzwerke ich schon?

- Wie viel meiner Zeit arbeite ich Listen, Formulare & Co. ab?
- Wie viel meiner Zeit investiere ich in aktives Netzwerken und nachhaltige Beziehungen?
- Wann habe ich zuletzt richtig guten Umsatz gemacht?
- Was hat dazu beigetragen?
- Was bringt mir den meisten »Return on Investment« meiner täglichen Arbeit?
- Was sollte ich mehr tun, um erfolgreicher im Vertrieb zu sein?

»Willst Du schnell gehen, geh allein.
Willst Du weit gehen, geh mit anderen.«
(AFRIKANISCHES SPRICHWORT)

VERKAUFEN IST MEHR
ALS NUR VERKAUFEN

Der Außendienst ist der schönste Job, den ich mir vorstellen kann. Ich habe Einzelhandelskaufmann gelernt. In einem recht bekannten Geschäft in Spittal an der Drau ging es los. Meinen 15. Geburtstag hatte ich noch vor mir, als ich den ersten Tag im Geschäft stand. Ich war so unglaublich stolz auf meinen blauen Arbeitsmantel, und ich habe mich in der Tat auf meine Ausbildung gefreut. Allerdings hatte ich damals auch keine Ahnung davon, was mich erwarten würde. Ich wollte Kaufmann werden.

Im Laufe der Ausbildung habe ich dann auch tatsächlich erfahren dürfen, dass es wirklich Spaß macht, die Wünsche der Kunden zu erfüllen, sie zu beraten und ihnen das passende Produkt zu verkaufen. Nun denn, ich war in einem Geschäft beschäftigt, in dem alle Produkte, die auf einem Bauernhof so gebraucht wurden, im Angebot waren. Von der Küchenmaschine über die Waschmaschine, das Fahrrad, das Moped, die Kettensäge bis hin zum riesigen Traktor, wir haben alles verkauft.

Die Lust am Beraten und Verkaufen, das ist das, was uns Vertriebler antreibt. Die Jagd nach dem Auftrag, die Freude, wenn der Verkauf klappt, die Herausforderung, neue Projekte, neue Kunden zu finden, das ist der Spirit, der uns antreibt. Und ja, es ist der schönste Job der Welt. Kein Projekt ist wie das andere, kein Kunde ist wie der andere, jeder Tag ist eine Herausforderung und unterscheidet sich vom Vortag.

> »Verkaufen ist der schönste Job der
> Welt: Der erfolgreichste Verkäufer ist der
> Einkaufsberater seines Kunden und macht
> seinen Kunden erfolgreich und zufrieden.«

Kunden zu gewinnen, ist eine Herausforderung, eine spannende. Es gibt so viele Wege zum Erfolg. Und viele Seminare, die den Weg dahin ebnen sollen und den Menschen, die im Außendienst sind, das Leben erleichtern sollen. Natürlich gibt es auch viele Tools und Vorgehensweisen, die vermittelt werden, um Erfolg zu generieren. Das ist dann auch die Vielfalt, die unseren Beruf oder besser unsere Berufung zu einer erfreulichen Tätigkeit macht.

Spannend dabei ist diese Vielfalt. Jeder Verkäufer im Außendienst kann seine Persönlichkeit ausleben und jeder wird »seine Kunden« finden. Da ist unser Max, der schon viele Seminare besucht hat. Er kennt all die Techniken, die den Kunden zum Abschluss oder Kauf bewegen, aus dem Effeff und lebt sie auch total aus. Immer korrekt im Auftreten, arbeitet er zielstrebig an seinem Ziel, einen Kunden zu gewinnen. Er recherchiert mögliche Kunden, arbeitet mit diversen Agenturen, die über Projekte berichten und Projektdaten vermitteln. Schritt für Schritt entwickelt er, genau wie er es gelernt hat, seinen »Salesfunnel«, an dessen Ende dann eben Erfolg oder Misserfolg steht. Und er ist unglaublich fleißig.

Seinen Arbeitstag hat er streng durchgeplant, wie alles, was er macht. Und er geht seinen Weg, konsequent und geradeaus, ohne nach links oder rechts zu schauen. Er hat gelernt, Misserfolge als Erfolg zu deuten. Da spricht er dann davon, dass er gute und interessante Gespräche geführt hat. Wenn man ihn dann auf die Inhalte anspricht, fließen die Informationen spärlicher. Er führt sein CRM-System sehr konsequent und genau. Jeder Besuch, jedes Telefonat, jeder

Schritt wird akribisch notiert, und aus jedem Anlass wird eine Aufgabe generiert, die er entweder selbst abarbeitet oder an seine Assistentin oder Kollegen delegiert, je nachdem wie es die Prozessbeschreibungen im Unternehmen vorgeben.

Und dann gibt es Moritz. Moritz ist eher durch Zufall in den Außendienst gekommen und Verkäufer geworden. Eigentlich hat er etwas ganz anderes studiert und war gut in seinem Job. Doch wie das Leben spielt, wurde sein Unternehmen umstrukturiert und neu organisiert. Dazu wurden im Unternehmen Arbeitsgruppen gebildet, die an den Prozessbeschreibungen und Prozessabläufen aus der Praxis mitarbeiten sollten. Moritz war neugierig und hat sich freiwillig gemeldet. Und seine Neugier war schließlich der Grund, warum er die Entscheidung getroffen hat, sein Aufgabengebiet zu verändern. Pragmatisch wie er war, hat er sich auch weitergebildet.

Er hat alle Seminare, die firmenintern angeboten wurden, besucht. Aber darüber hinaus hat er auch Seminare und Ausbildungen wahrgenommen, die von professionellen Instituten und Unternehmen angeboten wurden. Oft genug hat er diese aus eigener Tasche bezahlt und überall etwas für sich und seine Arbeit mitgenommen. Manches hat er zur Kenntnis genommen, manches hat er dann tatsächlich auch in seinen Arbeitsalltag integriert.

Von Anfang an nutzte er intensiv das CRM-System seiner Firma. Denn er war und ist der Überzeugung, dass nur der, der schreibt, auch bleibt. Und so finden sich in seinem CRM-System neben den Kundendaten und den Terminen eine Menge anderer, offensichtlich nicht relevanter Daten und Informationen. Über Gummibäume zum Beispiel, die der Einkäufer hasst, aber die dieser dulden muss, weil sie dem Chef gehören. Oder über lustige Sprüche des Kunden und vieles mehr.

Während Max sein System sehr stringent führt und nur Unternehmen und Kunden einträgt, die relevant für die

Firma und mit denen Geschäfte möglich sind, hat Moritz eine unglaubliche Informationsdatenbank aufgebaut. Da finden sich neben Politikern auch Verwaltungsmitarbeiter in den Behörden oder Unternehmen sowie Personen, die mit dem Geschäft des Unternehmens nichts zu tun haben.

Hinter jedem seiner Einträge findet sich eine Geschichte. Jeder Eintrag kann von Nutzen sein. Spannend ist, dass sich hier auch Mitarbeiter von Unternehmen wiederfinden, die einfach nur wie Moritz Veranstaltungen besucht haben oder die wie er auch Aussteller bei Veranstaltungen und/oder Messen waren. Für Außenstehende vermittelt das System ein Gefühl von Chaos. ABER das ist es nicht.

Moritz lebt ein Motto: »Jeder Kontakt ist wichtig, und ich muss nicht immer was verkaufen. Aber ich kann über mein Geschäft sprechen und das Geschäft anderer kennenlernen – wer weiß, ob es nicht irgendwann hilfreich ist.« Danach lebt er nun viele Jahre, und immer, wenn er eine neue Herausforderung vor sich hat, geht er sein System durch und überlegt, wen er ansprechen und um Unterstützung fragen könnte. So hat er im Laufe der Jahre viele interessante Menschen kennengelernt und Geschäfte generiert. Scheinbar zufällig ist er an seine Projekte und Kunden gekommen.

Aber nicht eines seiner Projekte war Produkt des Zufalles. Während Max immer wieder ähnliche Geschäfte und Projekte an Land zieht, hat Moritz so viele völlig unterschiedliche Projekte, die nicht von der Stange kommen oder nach Standard bedient werden können, an sich gebracht. Und genau das ist die Stärke seiner Firma. Flexibel und individuell auf Kundenprojekte einzugehen und diese zusammen zu entwickeln.

Und so ist auch das Erfolgsgefühl nach Veranstaltungen je nach Mitarbeiter ziemlich different. Max geht oft genug enttäuscht und gefrustet nach Hause. Er wird ja quasi gezwungen, zu dieser Veranstaltung zu fahren, und er weiß schon im Voraus, dass es wieder ein verlorener Tag wird. Viel lieber wäre er im Büro, um seine Prozesse zu pflegen, seine Kunden anzurufen und Termine zu vereinbaren. Immer wieder gibt es Veranstaltungen, bei denen er keine neuen Kunden kennenlernt und keine Aufträge generiert, obwohl er sich wirklich Mühe gibt. Er führt seine Gespräche stets zielorientiert, hält sich an die antrainierten Gesprächsleitfäden, um dann festzustellen, dass die Kunden seine Produkte gerade nicht brauchen, kein Bedarf herrscht. Aber man wird sich an ihn wenden, wenn Bedarf besteht. »Na klasse, davon kann ich mir auch nichts kaufen«, denkt er sich.

Moritz, der in derselben Branche arbeitet, muss jedes Mal mit seinen Vorgesetzten diskutieren, wenn so eine Veranstaltung läuft, damit er hinfahren darf. Er fährt danach grundsätzlich mit guter Laune nach Hause. Wieder hat er interessante Menschen kennengelernt und einigen konnte er sogar helfen. Heute saß er beim Essen neben einem Investor, den er schon lange als Kunden gewinnen wollte. Aber da sitzt sein Wettbewerber fest im Sattel, er kommt einfach nicht ran. Immer, wenn man sich trifft, gibt es einen kurzen und netten Plausch, aber mehr auch nicht. »Gut Ding braucht Weile«, denkt sich Moritz und bleibt dran. Heute hat er im Gespräch erfahren, dass dieser Investor ein Problem hat und keine Lösung oder nur unbefriedigende Lösungen dafür finden kann. Er denkt kurz nach und hakt in das Gespräch ein. »Entschuldigung, darf ich kurz reingrätschen?«, fragt er höflich. »Ja, klar, aber warum? Sie verkaufen doch nur Flugbesen und die brauche ich nicht, da liefert doch Firma XY, das wissen Sie doch«, sagt der Investor. »Ja, das weiß ich, und ich will Ihnen auch keinen Flugbesen verkaufen. Aber das Problem, dass Sie gerade beschrieben haben – ich kenne eine Lösung dafür.« »Ach, verkaufen Sie jetzt auch Schlösser?«, fragt der Investor. »Nein, natürlich nicht, das ist nicht unsere Kompetenz, aber ich kenne jemanden, der davon lebt, genau Ihr Problem zu lösen und er hat sogar die passenden Produkte dafür.«

Der Investor zeigt sich interessiert. Der Kontakt wird hergestellt, das Problem schnell, effizient und pragmatisch gelöst. Der Investor ist zufrieden. Und er vergisst Moritz nicht. Der ist ganz erstaunt, dass er nur wenige Wochen später zur Abgabe eines Angebotes aufgefordert wird. Und kurz darauf den Auftrag bekommt. Einen Auftrag übrigens, der die Logistik seines Unternehmens an die Grenzen des Machbaren führt, aber perfekt ausgeführt wird. Nun ist der Arbeitgeber von Moritz fester Lieferant des Investors. Wie war das mit dem Vertrauen und der Investition ...

FAZIT DES TAGES: Man muss nicht immer verkaufen. Zuhören, Probleme erkennen, Lösungen anbieten, Netzwerke herstellen führen ebenso zum Erfolg. Und liefern zufriedene Kunden.

NETZWERKEN, ABER RICHTIG

Der Verband der Flugbesenflieger hat zu einem Netzwerktreffen eingeladen. Der Verband möchte sich gern mit den Unternehmen, die sich rund um die Branche betätigen, vernetzen und zukünftige Strategien besprechen. Dazu kündigt die Einladung ein schönes, feines Rahmenprogramm an. Auch einige Vorstandsmitglieder des Verbandes werden vor Ort sein. Dazu muss man wissen, dass die Verbandsarbeit ehrenamtlich ist und Mitglieder ihre eigenen Unternehmen haben.

Dann ist der große Tag gekommen und sowohl Max als auch Moritz machen sich auf den Weg. Wie so oft musste Moritz mit seinem Chef über die Sinnhaftigkeit des Treffens diskutieren, aber schließlich hat er die Reiseerlaubnis bekommen. Max hingegen wollte gar nicht fahren, wurde aber beauftragt, am Treffen teilzunehmen. Schon schlecht gelaunt fährt er los, denn er weiß ja bereits, dass dies wieder verlorene Zeit sein wird und der Verband das Treffen ja nur macht, um sich selbst zu präsentieren und Argumente dafür zu liefern, dass er Geld braucht und die Dienstleister wieder verschiedene Veranstaltungen sponsern sollen. Er bedauert, wieder einen Tag mit sinnlosen Aktivitäten vollstopfen zu müssen. Viel lieber würde er im Büro bleiben und seine Daten und Angebote im CRM pflegen.

Der Tagungsort ist ein Theater in einer Kleinstadt. Ein Theater! Als Max eintrifft, sind schon fast alle Teilnehmer da, sie stehen an Stehtischen und unterhalten sich in kleinen Gruppen, während sie Kaffee trinken und belegte Brötchen essen. Man tauscht Visitenkarten aus und lernt sich kennen. Max betritt den Raum und schaut sich sofort um. Er sucht nach den Vorstandsmitgliedern des Verbandes, und seine Laune rutscht in den Keller, als er sieht, dass diese alle bereits in Gesprächen vertieft sind. Er stellt seine Tasche an seinem Sitzplatz ab und geht zum Kaffeeautomaten. Dort muss er sich in die Schlange einreihen, und während er wartet, blickt er um sich. Hier stehen nur Berufskollegen. Zum Glück klingelt das Telefon und so ist er abgelenkt. Endlich bekommt er seinen Kaffee und dann schaut er auf die Uhr. Naja, in fünf Minuten beginnt das Programm.

Der Vorstand begrüßt die Gäste und freut sich offensichtlich darüber, dass fast alle Unternehmen, die eingeladen wurden, vertreten sind. Einige Unternehmen haben sogar zwei Mitarbeiter geschickt. »So ein Quatsch«, denkt sich Max und startet seinen Laptop, während der Vorstand redet. Dann übergibt dieser das Wort an den Geschäftsführer, der seinerseits nun anhand einer Präsentation den aktuellen Stand des Verbandes erklärt und die Entwicklung der letzten Jahre interpretiert. Als es um die wachsende Zahl der Mitglieder geht, die recht erstaunlich ist, wird Max ungeduldig. Ohne zu warten, ruft er in den Saal, ob es denn auch Mitgliederlisten gäbe, mit denen man etwas anfangen könne. Seine Frage bleibt zunächst unbeantwortet.

Max reagiert ungehalten und erwidert, es müsse ja wohl möglich sein, diese Liste auszudrucken und weiterzugeben. Nun unterbricht der Referent seine Präsentation und geht auf den Zwischenruf ein. Er erklärt die Regularien des Datenschutzes und der Satzung des Verbandes. Missmutig erwidert Max, dass es doch kein Problem sein könne, diese Liste weiterzugeben, schließlich würden die Vertreter alle Profis sein und wissen, wie man mit den Daten umgeht. Selbst das Angebot, dass man sich im Anschluss noch darüber unterhalten kann, besänftigt ihn nicht.

> »Max denkt sich: Das ist doch wieder so ein sinnfreier
> Quatsch. Als er später im Auto sitzt, fühlt er sich in seiner
> Meinung bestätigt: ein sinnlos verbratener Arbeitstag!«

Das Programm wird fortgesetzt, es geht nun um die Projekte des Verbandes. Schnell entsteht eine lebhafte, positive Diskussion über die einzelnen Punkte. Es wird klar ersichtlich, dass der Verband an einer guten Zusammenarbeit auf Augenhöhe sehr interessiert ist und daher eben auch über die Wünsche, Erwartungen und Strategien der Unternehmen Bescheid wissen möchte, um einen Mehrwert zu bieten. Viele der anwesenden Vertreter beteiligen sich am Programm, und so entstehen schnell konstruktive und vor allem durchführbare Veranstaltungsformate.

Moritz sitzt im hinteren Teil des Raumes und beobachtet die anwesenden Menschen. Schnell kann er zuordnen, wer nun Vertreter ist und wer zum Verband gehört. Er macht sich Notizen, die er später auch im persönlichen Gespräch aufgreifen möchte. Bald schon ist das offizielle Programm vorbei und ein Vorstandsmitglied geht wieder auf die Bühne. Er bedankt sich bei den Teilnehmern und lädt alle zum Essen ein. Und dann stellt er noch das Abendprogramm vor. Man sei ja in einem Theater ... Seine Firma habe für den Abend ein Kundenevent in diesem Theater geplant, und alle Teilnehmer am Netzwerktreffen seien herzlich eingeladen, daran teilzunehmen. Max denkt sich, dass das doch wieder so ein sinnfreier Quatsch ist, packt seinen Laptop ein und versucht noch, wenigstens ein Gespräch mit dem Vorstand zu bekommen, denn er arbeitet schon lange daran, diesen Herrn kennenzulernen. Der Zufall kommt ihm zu Hilfe, der Vorstand kommt auf ihn zu. Er bedankt sich für die Teilnahme, man tauscht Visitenkarten aus und unterhält sich kurz. Der Vorstand bietet Max an, sich später noch einmal zu unterhalten und lädt ihn persönlich dazu ein, doch zu bleiben und das Theaterstück anzusehen. Aber das passt Max ganz und gar nicht, er will nur nach Hause, schließlich hat er noch eine Stunde Fahrzeit vor sich. Als er kurz darauf im Auto sitzt, fühlt er sich in seiner Meinung bestätigt. Ein sinnlos verbratener Arbeitstag.

Was aber hat Moritz den ganzen Tag gemacht? Er hatte eine Anreise von über 400 Kilometern und hat sich tatsächlich auf diesen Tag gefreut. Seine Erwartungen wurden übererfüllt. Als er eintrifft, sind tatsächlich nur die Vorstände und Mitarbeiter des Verbandes da, um die letzten Vorbereitungen zu treffen. Als er in die Halle geht, wird er begrüßt, und es gibt sogar einen kurzen Plausch mit dem Vorstand. Visitenkarten werden ausgetauscht – dann zieht Moritz sich zurück, um die letzten Vorbereitungen nicht zu stören. Nun treffen auch seine Berufskollegen ein. Freundliche Begrüßungen, Freude, sich so ungezwungen wiederzusehen. Ein reger Austausch beginnt.

Man unterhält sich über den Verband, seine Mitglieder und die letzten Veranstaltungen. Und freut sich über das Angebot, sich hier zu einer Aussprache zu treffen, um gemeinsam in die Zukunft zu gehen. Dass das nicht selbstverständlich ist, dessen sind sich alle bewusst. Man weiß ja, wie die anderen Verbände agieren. Im weiteren Gespräch tauscht man sich auch über aktuelle Projekte der Verbandsmitglieder aus, und Moritz bekommt einige gute Tipps über neue Aktivitäten. Auch er hat einiges zu berichten, und viel zu schnell vergeht die Begrüßungszeit, das Programm beginnt.

Natürlich ist vieles, was er da hört, bereits bekannt, aber allein die Tatsache, dass sowohl der Vorstand als auch die Geschäftsführung so offen über Erfolge und Probleme berichten, macht das Treffen für ihn interessant. Aber auch die Tatsache, dass man sich mit all den Industrie- und Dienstleistungsunternehmen trifft, um sich auszutauschen, macht den Tag für ihn so wertvoll. Moritz merkt an diesem Tag, wie sehr der Vorstand die Aktivität und Unterstützung der Unternehmen schätzt und trägt auch seinen Teil zu der konstruktiven Diskussion teil. Voller Mitleid betrachtet er Max, der schlecht gelaunt und eindringlich nach Mitgliederlisten fragt.

Das Programm ist schnell vorbei und am Büfett herrscht eine entspannte Atmosphäre. Die Gespräche, die anfangs unterbrochen wurden, werden wieder aufgenommen. Als sich die Gelegenheit ergibt, mit einem Vorstand zu sprechen, wird sie dankbar angenommen. Alle freuen sich über die Einladung des Vorstandes zum Theaterabend. Einige Teilnehmer können allerdings wegen weiterer Termine nicht teilnehmen und verabschieden sich, als die Gäste des Vorstandes langsam eintreffen. Fast alle nehmen einen positiven Eindruck mit nach Hause. Die Zusammenarbeit mit dem Verband würde weiterlaufen und auf Augenhöhe funktionieren.

Moritz steht mit einigen Kollegen in einer Ecke, sie unterhalten sich über konkrete Projekte. Und man verabredet sich zu gegenseitiger Unterstützung, an die Mitarbeiter der Unternehmen heranzukommen und die Kontakte herzustellen. Erst jetzt wird ihm bewusst, dass es sich hier um ein Projekt dreht, dass er noch gar nicht kennt und es ein Leuchtturmprojekt ist, an dem auch die Landesregierung und diverse Kommunen beteiligt sind. Und dass er einige der am Projekt Beteiligten bereits kennt. Er ist ein bisschen aufgeregt, denn er hätte nie gedacht, dass er an einem Tag wie diesem bei einer Veranstaltung, an der nur Vertreter teilnehmen, an solche Informationen kommen würde.

Der Rest des Tages verläuft für ihn ebenso erfolgreich. Das komödiantische Theaterstück sorgt für Kurzweil und in den Pausen lernt Moritz neue Menschen kennen, die allesamt in irgendeiner Weise mit der Branche zu tun haben. Tolle Gespräche, leckeres Essen und gute Unterhaltung, das sind die Zutaten für wahrhaft gute Tage. Als er sich weit nach Mitternacht auf den Weg ins Hotel macht, ist er zufrieden. Der Bericht an seinen Vorgesetzten wird wieder ein sehr positiver sein, unterlegt mit tatsächlichen Projekten. Keine Sekunde bereut er, sich auf den Weg gemacht zu haben.

FAZIT DES TAGES: Auch Berufskollegen sind wertvolle Netzwerkpartner und verfügen über Informationen, die mehr als wertvoll sein können. Wenn wir Chancen nutzen, Augen und Ohren offenhalten, bieten wir dem Erfolg einen optimalen Nährboden.

jana jeske COACHING
Potenziale entfalten

Zeit ist ein hohes Gut – also eine Frage der Priorität?

Kennen Sie die Menschen, die sagen: »Dass du immer Zeit dafür hast ...« Oder gehören Sie eher zu der Kategorie, die sagt: »Dafür habe ich keine Zeit! Ich habe einfach zu viel zu tun ...«

Tja, Zeit ist eine feine Sache. Man kann nicht genug davon haben. Stellen Sie sich mal vor, Sie hätten doppelt so viel Zeit am Tag. Was würden Sie dann tun? Glauben Sie wirklich, Max würde dann gern und entspannt an einem solchen Netzwerkabend teilnehmen? Nein. Das würde er nicht. Denn es liegt ihm einfach nicht. Ich behaupte, er würde das, was er jetzt tut, noch mehr tun – oder einfach langsamer.

Wer keine Zeit hat, setzt andere Prioritäten. Wer keine Zeit für die wichtigen Dinge hat, setzt falsche Prioritäten! Mal ehrlich: Wieso treiben die meisten Menschen keinen Sport oder kochen nicht täglich, obwohl sie wissen, dass dies gut für sie ist und sie es eigentlich machen möchten? Richtig, weil sie die Zeit anderswo investieren. Was ist aber die ihre Begründung? Die meisten Ausreden kennen wir ...

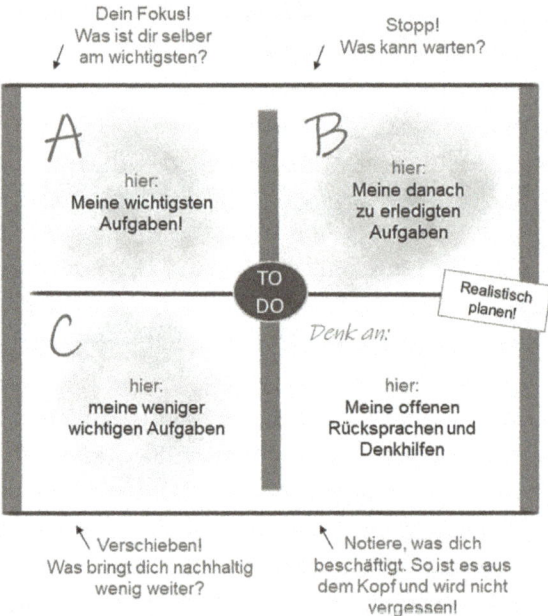

Dein Fokus!
Was ist dir selber am wichtigsten?

Stopp!
Was kann warten?

A

hier:
Meine wichtigsten Aufgaben!

B

hier:
Meine danach zu erledigten Aufgaben

TO DO

Realistisch planen!

C

Denk an:

hier:
meine weniger wichtigen Aufgaben

hier:
Meine offenen Rücksprachen und Denkhilfen

Verschieben!
Was bringt dich nachhaltig wenig weiter?

Notiere, was dich beschäftigt. So ist es aus dem Kopf und wird nicht vergessen!

#9 Coach dich selbst – Was tue ich und warum?

- Bin ich oft gehetzt und reise auf den letzten Drücker an?
- Welche der von mir besuchten Veranstaltungen war ein echtes Erfolgserlebnis? Was hat dazu beigetragen?
- Welche Dinge vermeide ich, obwohl ich weiß, dass sie meinen Umsatz erhöhen würden? Warum tue ich das? Was hält mich ab?
- Setze ich die Prioritäten im Alltag und bei Veranstaltungen richtig?
- Fühle ich mich wohl und bin ich erfolgreich bei meinen täglichen Aktivitäten?

_____
_____
_____
_____
_____
_____
_____
_____
_____
_____
_____
_____
_____
_____
_____
_____
_____
_____
_____
_____
_____
_____

»Viele klettern so schnell, dass sie gar nicht merken,
dass sie auf den falschen Berg gestiegen sind.«
BUDDHISTISCHE WEISHEIT

MIT LEISEN TÖNEN UND ZURÜCKHALTUNG WEITERKOMMEN

Verbandstage, Kongresse, Messen, Netzwerktagungen, Arbeitsgruppen – es gibt viele Gelegenheiten, um sich mit verschiedenen Branchenvertretern zu treffen. Manchmal sind Kunden dabei, manchmal nur Fachleute, und bei manchen Veranstaltungen treffen sich alle. Gerade Messen und Fachkongresse sind oftmals auf ein großes Publikum ausgerichtet und nahezu ideal, um sich effektiv mit Kunden oder Lieferanten zu verabreden. Bei manchen Messen ist nicht die Messe an sich wichtig, sondern all die Veranstaltungen rund um das Event. Meistens finden an jedem Messeabend irgendwo in der Stadt Partys statt, und so mancher Teilnehmer gerät dann wirklich in Stress, was ja auch verständlich ist. Die Zeit ist knapp und man möchte eigentlich nur dabei sein, vor Ort sein. Sehen und gesehen werden.

Die Messe ist für Max ein logistisches Meisterwerk. Jeder Tag wird minutiös geplant. Tagsüber ist er auf dem Stand seines Unternehmens, und ein Termin jagt den nächsten. Es bleibt keine Zeit zum Luftholen, keine Zeit für ein vernünftiges Essen. Und wenig Zeit für lange Gespräche. Denn jeder Termin hat ein enges Zeitfenster. Und schon die kleinste Störung bringt die ganze Planung durcheinander. Der erste Kundentermin am Morgen hat sich verzögert, die Kundin erscheint nicht zum vereinbarten Termin. Max ist nervös, telefoniert mit seiner Assistentin, die ruft die Kundin an und erfährt, dass Frau Meyer zehn Minuten später kommen wird.

Tatsächlich kommt sie 15 Minuten später an. Max steht unter Stress, schnell wird die Kundin an den reservierten Besprechungsplatz gebracht, keine Zeit zum Durchatmen. Der Kaffee kommt und Max überfällt die Kundin mit einem Redeschwall, wobei diese erst mal froh ist, überhaupt bei der Messe angekommen zu sein. Sie kommt überhaupt nicht zu Wort, und pünktlich, 15 Minuten später, wird sie vom Messestand komplementiert, weil schon der nächste Kunde am Empfang steht. Mit schlechtem Gewissen und leicht verärgert steht Frau Meyer nun vor dem Messestand und ist ratlos. Ihre Firma ist der größte Lieferant dieses Unternehmens. Und dann wird sie so behandelt? Wie Massenware?

Während sie kopfschüttelnd beobachtet, wie Max seinen nächsten Kunden zum Besprechungsplatz bringt, überlegt sie sich, was sie nun tun oder wohin sie auf der Messe gehen wird. Nach all dem Stress und in Anbetracht der Tatsache, dass sie ihr Anliegen mit ihrem Lieferanten nicht besprechen konnte, beschließt sie, erst mal einen richtigen Kaffee zu trinken und die weitere Tagesplanung zu überlegen.

Sie setzt sich in eines der vielen kleinen Messecafés und bestellt einen Cappuccino. Dann nimmt sie den Messeplan und studiert ihn sorgfältig. Sie sieht, dass am Nachmittag ein interessanter Vortrag genau über das Thema ihres Lieferanten stattfinden wird. Sie beschließt, daran teilzunehmen und dann vielleicht doch ihr Anliegen mit dieser Firma besprechen zu können. Schließlich ist sie extra deshalb angereist. Dann studiert sie die Ausstellerlisten und findet einen Wettbewerber des Lieferanten. Und wird neugierig. Frau Meyer macht sich auf den Weg zu diesem Stand, denn Informationen schaden ja nie, denkt sie. Sie hat ja nicht vor, den Anbieter zu wechseln.

Auf dem Weg trifft sie einige Kollegen, es gibt ein wenig Smalltalk und dann erreicht sie den Stand. Frau Meyer beobachtet erst mal, was dort so passiert. Und ihr fällt ein Mitarbeiter auf, der sehr freundlich und mit viel Geduld mit einem Kunden spricht. Sie beobachtet, dass dieser junge Mann ziemlich aufmerksam zuhört, Notizen macht, Nachfragen stellt, und insgeheim denkt sie sich, dass sie sich auch so einen Betreuer wünschen würde. Und während sie ihn so beobachtet, verabschieden sich die beiden und der Verkäufer schaut in die Runde. Sein Blick fällt auf Frau Meyer, und sie steht auf und geht auf ihn zu. Freundlich begrüßt er sie, stellt sich vor und fragt höflich, ob er helfen könne.

Frau Meyer ist hin- und hergerissen. Denn eigentlich ist sie ja mit ihrem Anbieter zufrieden und man arbeitet weitestgehend gut zusammen, andererseits ist sie über die Abfertigung immer noch verärgert. Sie wurde als Kundin gar nicht ernst genommen, obwohl jedes Jahr viel Geld an diese Firma fließt. Aber dann sagt sie doch, dass sie sich nur informieren und umsehen wolle. Kein Problem, erklärt der Verkäufer und lädt sie ein, doch näherzutreten. Zusammen gehen sie zum Kaffeetresen, um ein Wasser zu bestellen. Auch kleine Häppchen werden angeboten. Dankbar nimmt Frau Meyer ein paar von den Snacks und sie gehen zu einem freien Tisch. Der junge Mann überreicht seine Visitenkarte. Frau Meyer fühlt sich zunehmend wohl, stellt sich auch vor und gibt ihm ihre Karte.

Moritz schaut sich die Karte genau an und denkt kurz nach. Dann erinnert er sich und spricht die Kundin auf den Verbandstag in Berlin an. Oh ja, an den Tag kann sich Frau Meyer sehr genau erinnern – es hat ja so geregnet, und es war trotz der Tatsache, dass der Verbandstag im September war, so saukalt, dass es in Berlin kurz geschneit hat. Aber der Tag selbst war super. Und langsam kommt man sich näher. Moritz erinnert sich, dass Frau Meyer ein Großkunde seines Wettbewerbers ist und eigentlich nicht wechseln möchte. Also fragt er einfach nur interessehalber, was sie an seinen Stand gebracht hat.

Und nun platzt es aus Frau Meyer heraus. Der Termin, die Fahrt hierher, die Verspätung und die ruppige Abfertigung und der Frust darüber, dass man nicht auf die Themen eingegangen ist. Moritz hört zu, aufmerksam und kommentarlos. Als sich Frau Meyer ihren Frust von der Seele gesprochen hat, fragt Moritz, ob der Wettbewerber sie schon über die aktuellen Änderungen in den relevanten Gesetzen und Verordnungen informiert hat. Ungehalten reagiert Frau Meyer, dass sie ja genau darüber sprechen wollte. Sie wollte wissen, was für sie wichtig ist und was sie ignorieren kann. Und hat nun doch keine Antworten.

> »Nun platzt es aus Frau Meyer heraus: Der Termin, die Fahrt hierher, die Verspätung und dann die ruppige Abfertigung und der Frust darüber, dass man nicht auf die Themen eingegangen ist.«

Moritz holt eine kleine Broschüre aus dem Regal. Er zeigt sie Frau Meyer und erklärt, dass hier alles, was für sie wichtig ist, erklärt wird. Und so erfährt er, wo der Schuh der Kundin drückt. Moritz erklärt einige Punkte und stellt sicher, dass Frau Meyer so auf dem aktuellen Stand ist. Dann schaut er auf die Uhr und fast entschuldigend sagt er, dass er nun leider das Gespräch abbrechen müsse, weil er jetzt einen wirklich wichtigen Termin mit einem Kunden habe. Er verweist noch einmal auf seine Visitenkarte und versichert, dass er gern später noch zu einem Gespräch bereit wäre, wenn Bedarf wäre. Oder dass er sie auch in ihrer Firma besuchen würde.

Frau Meyer trinkt ihr Wasser aus, nimmt die Broschüre und die Visitenkarte, verstaut alles in der Tasche und verlässt den Stand mit einem sehr positiven Gefühl. Dann besucht sie noch andere Lieferanten, arbeitet ihre Termine ab.

Am Nachmittag geht sie dann zu der Bühne, auf der ihr Lieferant gleich einen Vortrag halten wird. Sie nimmt Platz und wartet. Ein anderer Besucher setzt sich neben sie, sie unterhalten sich. Sie stellen fest, dass beide fast dieselben Erfahrungen mit der Firma gemacht haben. Und dass, obwohl ihre Betreuer nicht dieselben sind.

Pünktlich betritt der Moderator die Bühne. Musik begleitet den Auftritt. Die Zuhörer werden begrüßt und dann beginnt eine Show, wie man sie so oft sieht. Die Firma ist selbstverständlich Marktführer und hat allein in Deutschland über 50.000 Firmenkunden, die von über 1.500 Mitarbeitern betreut werden. Natürlich nur persönlich, individuell und punktgenau auf den Bedarf zugeschnitten. Die Gedanken von Frau Meyer sagen etwas anderes. Und dann betritt Max die Bühne. Der Anzug sitzt, die Krawatte ebenso. Der Vortrag ist irgendwie nicht das, was sich Frau Meyer vorgestellt hat. Niemand wollte hören, wie toll die Firma ist, welche tollen Projekte sie bearbeiten und welche selbstverständlich erstklassigen Produkte angeboten werden. Einige stehen bald auf und gehen weg. Frau Meyer schaut zu ihrem Nachbarn, der schüttelt auch den Kopf. Wortlos haben sie sich verständigt und stehen auf und gehen. Max sieht, dass seine Kundin geht und erwähnt nun, dass auch Frau Meyer, Vorstand eines großen Unternehmens und zufriedene Kundin, hier sei und wie sehr er sich darüber freue. Frau Meyer geht trotzdem.

Am Abend gibt es eine kleine Party in der Halle und Frau Meyer beschließt, dort noch einen kleinen Drink zu nehmen und dann ins Hotel zu fahren. Da kommt Max um die Ecke, sieht Frau Meyer und kommt zusammen mit seinem Kollegen auf sie zu. Die Begrüßung ist sehr freundschaftlich, Max stellt Frau Meyer als eine seiner größten Kunden vor und betont, wie gut die Zusammenarbeit seit vielen Jahren ist. Frau Meyer kommt angesichts des Redeschwalls nicht zu Wort. Und ist sauer.

Irgendwann kann sie sich aus der Situation mit Max lösen und macht sich auf den Weg zum Ausgang. Nachdenklich geht sie durch die nun leeren Hallen und trifft auf Moritz, der die Halle ebenfalls durchschreitet. Man begrüßt sich, unterhält sich kurz und am Ausgang angekommen, fragt Frau Meyer, ob Moritz denn Zeit für einen Termin hätte. Kein Problem, Moritz holt seinen Kalender aus der Tasche und kurz darauf ist der Termin fixiert. Moritz ist verwundert, da all seine Bemühungen, Frau Meyer als Kundin zu gewinnen, bisher ins Leere gelaufen sind.

Einige Monate später kommt Max morgens ins Büro. Der Bereichsleiter ist schon da und das, ohne dass er angekündigt war. Man müsse miteinander reden. Max wundert sich, es läuft ja alles wunderbar. Die Umstellung auf die neuen, aktuellen Produkte laufe reibungslos, es gebe keine Reklamationen. Im Büro des Bereichsleiters angekommen, nimmt dieser einige Briefe in die Hand und fragt, was damit los sei. Max schaut auf die Papiere und ist fassungslos. Kündigungen. Das gibt es doch gar nicht. Kunden kündigen?

Max schaut sich die Absender an. Alle, ja wirklich alle, die jetzt kündigen, waren auf seine Einladung hin zur Messe gekommen. Sie haben die Freikarten, die wirklich viel Geld gekostet haben, eingelöst und nun kündigen sie. Sie haben doch bei der Messe nichts davon gesagt. Max steht vor einem Rätsel. Er weiß nicht, was hier falsch gelaufen ist.

Moritz hingegen ist beim Vertriebsmeeting mehr als zufrieden. Er kann davon berichten, dass er viele neue Kunden gewinnen konnte. Die Messe war ein voller Erfolg. Nun geht es darum, diese Kunden an das Unternehmen zu binden und den Übergang vom alten Dienstleister zum neuen reibungslos durchzuführen. Er bittet um eine spezielle Arbeitsgruppe, die nun in den nächsten Monaten eng mit den neuen Kunden zusammenarbeiten sollte, denn einen Ausfall der Systeme kann sich niemand leisten. Er präsentiert seinen Plan, den er schon vorbereitet hat und appelliert nun an alle

Kollegen, diese Herausforderungen als Team anzunehmen und im Interesse der neuen Kunden umzusetzen.

FAZIT: Nehmen Sie Ihren Kunden ernst – er ist der Mittelpunkt Ihres Jobs! Und wenn der Kunde sich verspätet, dann ist das so. Der Kunde kommt nicht ohne Grund zu spät und will trotzdem ernst genommen werden.

jana jeske COACHING
Potenziale entfalten

Niederlage – oh nein!

Das fühlt sich schon echt blöd an, so eine Niederlage, mehrere kündigende Bestandskunden und ein verärgerter Chef. Was tun?

Nun, es gibt verschiedene Möglichkeiten, mit Niederlagen oder Fehlern umzugehen. Es gibt die einen, die die Schuld bei anderen suchen. Die hört man dann sagen: »Das ist ja nur passiert, weil der oder die das gemacht haben ...« Die anderen, die den Fehler kleinreden. »So schlimm ist es doch nun wirklich nicht. Das war ja nur das eine Mal ...« Und jene, die es annehmen und daraus lernen. »Shit happens. Was kann ich daraus lernen? Was mache ich beim nächsten Mal anders?«

Warum verhalten sich die einen so und die anderen so? Nun, nicht jeder ist mit einem guten Selbstwertgefühl und Selbstbewusstsein ausgestattet. Menschen, die die Schuld bei anderen suchen, retten sich vor Abwertung, indem sie das Problem auf andere verschieben. »Ich war es nicht – ich bin gut.« Zack, Problem gelöst. Das mag das eine oder andere Mal gutgehen. Aber in der Regel kommt der Ball zurückgeflogen. Wer schlau kommuniziert, kann sich vielleicht noch einmal etwas vom Hals halten. Zum Erfolg führt das jedoch meist nicht. Die Menschen, die das Problem kleinreden, quasi verniedlichen, verfolgen im Grunde denselben Zweck mit ähnlicher Folge – auch das geht nur bedingt oder eine Zeit lang gut. Übrigens tun das viele dieser Menschen sogar unbewusst! Es sei ihnen also verziehen. Oder, besser noch, ihnen dabei geholfen, dies wahrzunehmen ... also zu spiegeln.

Menschen, die Niederlagen als eine persönliche Lernerfahrung wahrnehmen, haben einen großen Vorteil: Sie machen ihre Fehler kein zweites Mal! Sie erlangen im Laufe ihres Lebens mehr und mehr Handlungskompetenz und können sich so auf verschiedene Lebenssituationen einstellen. Das gibt ihnen zum einen das Gefühl, befreit handeln zu können, also angstbefreit. Nach dem Motto: »Ich mach es einfach, wenn es nicht optimal läuft oder danebengeht, habe ich was dazugelernt.« Durch dieses Verhalten können sie Erfahrungen sammeln, erleben folglich positive Erlebnisse und Erfolge, was wiederum ihr Selbstvertrauen steigert. Damit kommen sie in eine Aufwärtsspirale ihrer persönlichen Entwicklung. Was es dazu braucht? Eine Portion Neugier zur persönlichen Entwicklung, Kreativität für Ideen, Mut zum Ausprobieren, Tatkraft zum Umsetzen und vor allem die Fähigkeit, reflektiert mit eigenen Fehlern umgehen, um daraus zu lernen. Das alles setzt natürlich eine Selbststeuerungsfähigkeit voraus.

Neugier, Kreativität und Mut sind menschliche Eigenschaften, mit denen jedes Kind auf die Welt kommt. Leider werden diese Kindern und Heranwachsenden viel zu oft wieder abtrainiert. Unser heutiges Bildungssystem trägt durch nicht optimale Lernumgebungen in der Schule seinen Teil dazu bei. Studien haben mittlerweile ergeben, dass es neue Lernformen für Kleinkinder, Schulkinder und Heranwachsende braucht, um sie in ihrer Potenzialentfaltung optimal zu fördern und zu stärken. Sicherlich wurde schon das eine oder andere im Bildungssystem angepasst, grundlegende Veränderungen hat es bis heute jedoch nicht gegeben. Lernen kann man aber natürlich überall. Wussten Sie, dass Menschen bis ins hohe Alter lernfähig sind? Bis zum Ableben also, auch wenn sie 100 Jahre oder älter werden.

#10 Coach dich selbst – Lernen aus Niederlagen

- Wann war meine letzte Niederlage?
- Wie bin ich damit im ersten Moment umgegangen?
- War ich zufrieden mit meinem Verhalten?
- Wann handle ich angstbehaftet? Warum tue ich das? Was vermeide ich damit? Wie könnte ich befreiter handeln?
- Habe ich aus meinen bisherigen Niederlagen irgendetwas gelernt?
- Was habe ich aus den Niederlagen gelernt? Welche Handlungskompetenzen habe ich dabei gewonnen?

NOTIZEN

ANGEBOTE, ZU DENEN DER KUNDE NICHT NEIN SAGEN KANN

Jeder von uns kennt das. Auf einer Veranstaltung hat man mal wieder jemanden kennengelernt, ist ins Gespräch gekommen und hat festgestellt, dass man eigentlich gut zusammenpassen würde. Die Produkte, die man verkauft, passen gut zum Kunden. Aber da bestehen noch andere, längerfristige Beziehungen des Kunden zu anderen Lieferanten und ein Wechsel ist nicht ganz so einfach. Oft genug findet der Wechsel gerade bei vergleichbaren Produkten oder Dienstleistungen nicht statt, weil dafür Prozesse geändert werden müssen. Und so steht man als Verkäufer in der Warteschleife und hofft, irgendwann doch den nächsten Schritt zu tun.

> »Was beeindruckt den Kunden und was weckt bei ihm Emotionen?«

Moritz hat es da besonders schwer, denn sein Unternehmen ist eher klein, am Markt noch relativ unbekannt und besteht auch noch nicht lange. Das Unternehmen hat sich allerdings schon einen Namen gemacht und einige innovative Projekte mit Erfolg bearbeitet. Aber nicht jeder in der Branche weiß davon. Und so passiert es Moritz immer wieder, dass Angebote von ihm einfach nicht beachtet werden. Auch wenn er mittlerweile sehr, sehr gute persönliche Kontakte hat, manchmal würde er gern mit Max, den er ja auch schon persönlich kennengelernt hat, tauschen. Denn es ist schon ein großer Unterschied, wenn man beim Marktführer arbeitet.

Moritz überlegt deshalb regelmäßig, wie er Angebote abgeben kann, zu denen keiner Nein sagen kann. Seit langem schon gibt er sich beim Schreiben von Angeboten besondere Mühe. Schon im Vorfeld versucht er herauszufinden, wer die Angebote als Erstes in die Hand bekommt und welche Wege es dann beim Kunden nimmt. Und dann schreibt er die Texte so, dass sie zum Kunden passen, ohne dass er sich anbiedert. Der Grat ist schmal, aber meist von Erfolg gekrönt.

Heute ist mal wieder einer jener Tage. Irgendwie ein Tag wie jeder andere. Und dennoch besonders. Denn in einer Woche endet die Frist zur Abgabe des Angebots für ein Projekt, das zwar recht interessant, aber auch nichts Außergewöhnliches ist. Moritz sitzt in seinem Büro und denkt nach. Seine Offerte wird wieder eine unter vielen sein, und da es keine offizielle Ausschreibung gibt, ist es Glückssache, ob jemand daraufguckt oder nicht. Wenn er Glück hat, liegt sein Schreiben ganz oben auf dem Stapel – dann stehen die Chancen recht gut. Gerade bei diesem Projekt sind die Grenzen relativ eng und er weiß, dass die Offerten aller Anbieter ziemlich ähnlich sein werden.

Er schaut aus dem Fenster und denkt nach. Irgendwie wäre es toll, wenn sein Angebot auffallen würde, wenn es etwas Besonderes wäre. Aber das hat er im Anschreiben und in den Unterlagen, die er beigelegt hat, ja schon versucht. Kein Nullachtfünfzehn-Text, sondern einer mit Bezug zum Unternehmen und zum Projekt. Und dennoch, irgendwie hatte er das Gefühl, dass es nicht reichen würde.

Max beschäftigt sich gerade mit demselben Projekt. Die Kalkulation ist fertig und freigegeben. Nun wählt er ein Anschreiben aus dem CRM, passt es noch ein wenig an, nimmt ein Prospekt und legt dann alles zusammen in eine Mappe und gibt sie seiner Assistentin, damit sie den Versand in die Wege leitet. Standard, fertig, nächstes Projekt. Alles Weitere wird sich in den nächsten Wochen zeigen, und wenn es so läuft wie bisher, dann kommt in den nächsten zwei Monaten die Bestellung. Denn sein Angebot ist, da ist er sicher, ein Angebot, zu dem der Kunden nicht Nein sagen.

Die Zeit rennt und Moritz hat das Gefühl, dass er sich beeilen muss, um noch rechtzeitig alles fertigzustellen und das Angebot zu versenden. »Wie schaffe ich es, die Hürde der Sekretärin zu überwinden und vielleicht für einen besonderen Moment zu sorgen, damit man sich erstens an mein Gespräch mit dem Einkäufer und zweitens bei der Entscheidung an mein Angebot erinnert?« Diese Frage geht ihn durch den Kopf.

Er erinnert sich an ein Seminar, dass er vor einiger Zeit besucht hat und in dem es auch um Angebotserstellung geht. Was sagte der Trainer damals? »Ein Angebot ist etwas Besonderes!« Beim Gedanken an die Vergleiche des Trainers muss er grinsen. Es war irgendwie schon recht abgefahren. »Ein Angebot besteht nicht nur aus Zahlen, Daten, Fakten – ein Angebot ist der Versuch, eine Beziehung einzugehen. Es muss unwiderstehlich sein. Wie ein Heiratsantrag!« Nun, heiraten will Moritz den Kunden nicht, aber eine Geschäftsbeziehung wäre schon toll.

»Was mag euer Kunde?«, hatte der Trainer gefragt. »Was beeindruckt ihn, und was weckt bei ihm Emotionen?« Und dann, als Moritz über diese Fragen nachdenkt, fällt ihm ein, dass sein Kunde Legomodelle in seinem Büro stehen hat. Moritz öffnet die Internetsuchmaschine, gibt den Namen der Firma ein und klickt dann auf Bildersuche. Und siehe da, auf einem Bild sieht man den Vorstand des Unternehmens in seinem Büro und im Hintergrund Legomodelle von Projekten, die hier abgewickelt wurden. Spannend!

Moritz sucht nun nach Legomodellen, die in irgendeinen Bezug zur Stadt, zur Branche oder zum Kunden stehen könnten und wird fündig. Es ist noch nicht mal teuer. Und sofort lieferbar. Er freut sich, als er das Modell bestellt. Und

hofft, dass es rechtzeitig ankommen wird. In der Bestellbe-
stätigung wird eine Zustellung noch am selben Tag avisiert.
»Na dann«, denkt er sich und holt sich erst mal einen Kaffee.

Und tatsächlich, am späten Abend klingelt der Bote und
bringt das Päckchen. Seine Assistentin zieht verwundert die
Augenbraue hoch, als sie den Inhalt sieht. Zusammen setzen sie sich an den Tisch und bauen das Set zusammen, und
schon bald ist Harry Potter auf seinem Flugbesen »Nimbus
2000« fertig. »Und was wird das jetzt?«, fragt sie und Moritz klärt sie auf. Sie lacht, findet die Idee aber genauso cool.
Und dann machen sie zusammen das Angebot fertig.

Am nächsten Morgen fährt Moritz nicht ins Büro, sondern zur Firma, die das Angebot bekommen soll. Er fragt
sich, wie er mit seinem Angebot an der abwehrenden Emp-
fangsdame vorbeikommen soll. Gott, die ist echt beharr-
lich und ein wahres Mauerwerk. Eine alte Burgmauer ist
nix gegen den Widerstand, den diese Frau ausübt. Moritz
denkt an die Blumen, die immer im Empfang stehen. »Sie
ist wohl eine Blumenfrau«, denkt er sich und hält an einem
Blumenladen.

Mit einer kleinen Schale, in der Frühlingsblumen duf-
ten, der Mappe mit dem Angebot und den Lego-Harry-Pot-
ter bewaffnet, betritt er kurze Zeit später das Büro des Kunden. Die Dame schaut auf, schreibt erst mal die Liste fertig
und fragt so nebenbei, was er denn wolle. »Ihre Aufmerksamkeit hätte ich ganz gern«, antwortet er und sie schaut
irritiert hoch. »Ich höre doch zu«, murrt sie. »Ja, aber das
reicht nicht, denn Sie sollten die Blumen hier schon entge-
gennehmen – ist nur ein kleiner Frühlingsgruß.« »Blumen?
Für wen?« »Für Sie und Ihre Kollegen, die hier arbeiten,
denn sie mögen ja alle Blumen.« »Oh, das ist aber nett«, sagt
sie und lächelt – zum ersten Mal.

»Äh, wie war Ihr Name noch mal?«, fragt sie leicht ver-
wirrt und nimmt die Blumen entgegen. »Ich bin Moritz, der
Blumenbote der Firma Soundso«, sagt Moritz und lächelt

sie an. »Ach so, und ich habe nicht nur Blumen hier, hier ist auch das Angebot für Frau Meyer. Sie wartet schon darauf – es geht um das Projekt in Musterstadt. Sie wissen schon! Es ist, glaube ich, für Frau Meyer recht wichtig.« An ihrem Blick erkennt er, dass sie keine Ahnung hat, aber das ist ja nicht wichtig im Moment. Er übergibt die Mappe und den kleinen Karton. »Vorsicht, da sind keine Blumen drin, sondern das Modell«, sagt er.

»Frau Meyer ist noch nicht im Büro, ich kann sie auch nicht anrufen«, erwidert sie und in ihrer Stimme schwingt Enttäuschung mit. »Das macht nichts, legen Sie die Sachen einfach auf ihren Schreibtisch«, entgegnet Moritz und verabschiedet sich freundlich. Mit einem Lächeln im Gesicht geht er zum Auto. »Die Burgmauer ist gefallen«, denkt er sich und fährt ins Büro.

Es ist, wie Moritz vermutet hat, Frau Meyer hat für ihr Projekt viele Angebote bekommen. Und nun sitzt sie da und überlegt, wie sie die Auswahl treffen soll.

Und so treffen sie die Entscheidung, Moritz zu einem Gespräch einzuladen und ihm eine Chance zu geben. Schon bald darauf wurde bekannt, dass an diesem Projekt ein kleines, noch unbekanntes Unternehmen mitarbeiten wird. Und nicht wie fast immer der Marktführer.

FAZIT DES TAGES: Ein Angebot ist mehr als ein Blatt Papier mit Zahlen, Daten, Fakten. Es ist das Werben um eine Beziehung zwischen Verkäufer und Kunden.

MEHRWERTE SCHAFFEN

Bedingt durch die umfangreichen Normierungen und Vorschriften sind viele Produkte, Dienstleistungen oder technische Anlagen vergleichbar geworden. Individualität ist oftmals gar nicht mehr so möglich, wie man das gern möchte. Hier spielt der Wohnungsbau, die Spielwiese, in der sich Max und Moritz bewegen, eine besondere Rolle. Der Kunde und Bauherr ist oftmals in seiner Entscheidungsfreiheit eingegrenzt. Stadtplaner, Architekten, Fachplaner und Bauvorschriften setzen die Vorgaben. Der moderne Wohnbau ist abgesehen von unterschiedlichen Fassadengestaltungen und Bauhöhen doch relativ monoton und einheitlich geworden. Das macht es für Anbieter von technischen Anlagen schwierig. Lüftung ist Lüftung, Fenster sind Fenster, Türen, Anlagen der TGA, alles ist vergleichbar und unterscheidet sich oftmals nur noch durch das Design – und den Preis.

Diese Rahmenbedingungen machen den Job der Vertriebsmitarbeiter nicht unbedingt einfacher. Denn ein technischer Wettbewerb findet aufgrund der Ausschreibungsbedingungen auch nicht unbedingt statt. Nun ist der Verkäufer gefragt. Wie schafft er es, in einen vergleichbaren Markt seine Firma in den Fokus des Kunden zu rücken und Aufträge zu generieren?

»Eure Dinger, die ihr mir verkaufen wollt, machen nichts Neues – sie tun dasselbe wie die von meinem Lieferanten. Warum sollte ich daher wechseln?«

Das Schöne in diesem Geschäftsfeld ist die Tatsache, dass Bedarf besteht. In allen Assetklassen wird saniert, modernisiert, erneuert oder neu gebaut. Der Markt ist riesig, und der Kuchen, der zu vergeben ist, ist relativ groß. Und dennoch ist zu beobachten, dass es in den Reihen der Key-Account-Manager der verschiedenen Unternehmen erhebliche Unterschiede zwischen erfolgreichen und weniger erfolgreichen Menschen gibt. Wohlgemerkt, eigentlich haben alle dieselben Rahmenbedingungen. Was unterscheidet diese Menschen also?

Max und Moritz waren in Berlin auf einem der berühmten Verbandstage. Moritz unterhielt sich mal wieder, wie schon so oft, mit einen großen Bauträger aus Sachsen. Natürlich wollte er ihn auch als Kunden gewinnen, zumal dieser überaus interessante Projekte auf seiner Agenda hat. ABER er arbeitet mit einem festen Anbieter in dem Bereich, in dem auch der Arbeitgeber von Moritz unterwegs war, zusammen. Der Bauträger sagte zu Moritz: »Du bist ja ein sympathisches Kerlchen, aber ich sage dir eins: Eure Dinger, die ihr mir verkaufen wollt, machen nichts Neues – sie tun dasselbe wie die von meinen Lieferanten. Warum sollte ich daher wechseln?« Ein Totschlagargument. Und das Blöde daran: Er hatte recht.

Bis irgendwann neue Vorschriften kamen und technische Innovationen, die das Produkt aber im Prinzip nicht veränderten. Die neuen Vorschriften hätten einen Anbieterwechsel nicht gerechtfertigt. Allerdings war es nun sehr angesagt, energieeffizient zu sein. Um das zu dokumentieren, gab es verschiedene Ratingverfahren und unterschiedliche Qualitätssiegel. Und da dieser Bauträger immer mit der Zeit geht, war es natürlich auch sein Ziel, auf diesen Zug aufzuspringen und als Unternehmen den Bürgern der Stadt und seinen Mietern und Kunden seine Kompetenz und seinen Anspruch an Qualität und Innovation zu dokumentieren.

Moritz griff also zum Telefon und rief den Unternehmer

an. Er bat um einen Termin. Und er bekam ihn auch. Eben weil man sich schon kannte und der Grund, die technischen Veränderungen, auch plausibel war. Eine genaue Vorbereitung vor dem Termin war für Moritz gerade jetzt besonders wichtig. Er besorgte sich Unterlagen und stellte sie in einer schönen Mappe zusammen. Beim Kunden angekommen, waren nicht nur der Unternehmer und sein Geschäftsführer in der Besprechung. Es waren noch andere Leute da, Vertreter der Kommune und Fachplaner. Das Gespräch war also für den Unternehmer wichtig, stellte Moritz fest.

Gleich zu Beginn machte der Unternehmer klar, dass man mit seinem Anbieter zufrieden sei und nicht an einen Wechsel denke. Aber Moritz überhörte dieses Totschlagargument einfach. Es macht keinen Sinn, darüber zu diskutieren, denkt er sich. Jeder Trainer und/oder Coach würde nun sofort einhaken und erklären, dass man hier mit einer klugen Gesprächsführung den Kunden zu einem Bekenntnis der Wechselbereitschaft führen sollte. »Was wäre, wenn ich Ihnen jetzt eine Lösung zeigen würde, die so gut ist, dass sie eine echte Innovation darstellt, würden Sie dann wechseln?« Kann man machen, Moritz entscheidet sich aus gutem Grunde dagegen. Er weiß nämlich, dass der Unternehmer allergisch gegen »Verkäufertricks« ist. All die Vertreter, die ihm mit diesen einstudierten Gesprächsführungen überzeugen wollen, lässt er immer abblitzen.

Er lenkt das Gespräch auf die Betriebsstandorte des Kunden, spricht über die einzelnen Objekte und die technischen Daten der Bauten. Und erwähnt stets, dass auch dieses Gebäude im Grundsatz die Voraussetzung für eine Energieeffizienz-Klassifizierung in Platin erfüllen würde, wenn … ja, wenn man ein ganz bestimmtes Produkt einsetzen würde. Und er lässt immer offen, was das ist.

Stück für Stück werden die Objekte besprochen, der Bauträger ist ungeduldig. Und will wissen, was zu tun ist. Moritz ist aber noch nicht soweit. Denn seinen Joker will er erst ganz zum Schluss auf den Tisch legen. Er weiß, dass er nur die eine Chance hat. Und er will auf keinen Fall, dass sein Joker zu früh präsentiert und damit verbrannt wird. Daher lenkt er nun das Gespräch auf die verschiedenen Ratingagenturen und deren Arbeitsweisen. Und die Vorteile, die eine so hochwertige Labelung der Objekte für den Vertrieb, aber auch für die Mieter der Objekte haben würde.

Er zeigt Möglichkeiten auf, wie die Wertschöpfung aus dem Verkauf oder der Vermietung erheblich gesteigert werden könnte, wenn die Objekte geratet und gelabelt sind. Ein echter Mehrwert für das Unternehmen mit einer großen Chance, das auch monetär erfolgreich zu gestalten, eröffnet sich für den Kunden. Ganz abgesehen davon, dass es auch einen riesigen Imagegewinn gegenüber seinen Wettbewerbern geben würde. Moritz versichert sich nun, ob der Unternehmer das wirklich will. Und als er feststellt, dass er alle überzeugt hat, legt er die Fakten auf den Tisch.

Das Investment ist relativ gering. Aber der Anbieterwechsel ist unbedingt nötig. Denn aufgrund rechtlicher Vorgaben kann sein Unternehmen die Anlagen nur einbauen, wenn es auch die Wartung der Gesamtanlage innehat. Moritz hat sich umfangreich vorbereitet. Er weiß, wann die alten Verträge auslaufen und verlängert werden müssen. Und dann lässt er die Katze endgültig aus den Sack: »Wir übernehmen die Wartung ab sofort, lösen den Vertrag bei Ihrem bisherigen Anbieter ab und entschädigen ihn. Dann bauen wir die Geräte ein, koordinieren die Ratingagentur und sorgen für einen reibungslosen Ablauf.« Ende des Jahres sind wir fertig und Sie können feiern, dass Sie nun ein nachhaltiges, energieeffizientes Gebäude haben und zudem auch noch die Betriebskosten senken können«, führt er aus. Das ist genau das, was der Kunde hören wollte. Er hat seinen Entschluss gefasst und signalisiert das auch klar und deutlich. Die Verträge werden unterschrieben und das Projekt nimmt seinen Lauf.

Der Wechsel findet relativ unspektakulär statt, es verläuft alles wie versprochen reibungslos und so wurde aus den Bauträger, der seinen Anbieter hatte, nun doch ein Kunde von Moritz.

FAZIT DES TAGES: Sag niemals nie! Viele Produkte und Dienstleistungen sind zwar vergleichbar – was aber unvergleichlich ist, sind die Menschen dahinter. Seien Sie immer nur Sie, bleiben Sie verbindlich und haben Sie nicht immer das schnelle Geschäft im Ziel – manches Mal braucht es eben langfristige Strategien.

jana jeske COACHING
Potenziale entfalten

Warum kauft ein Kunde? Oder: Wann sind Sie selbst bereit, Geld auszugeben?

Das ein wichtiger – und oft unbewusster und unterschätzter Teil – die Beziehungsebene ist, haben wir bereits durch das Eisbergmodell erfahren. Manchmal können wir jedoch noch so eine gute Beziehung haben und dennoch den Auftrag nicht erhalten. Woran liegt das?

Der Mensch braucht mehr als Vertrauen, Sicherheit und dieselben Überzeugungen. Ein weiteres menschliches Grundbedürfnis ist, einen eigenen Nutzen aus dem Kauf zu ziehen, selbst etwas davon zu haben. Es geht evolutionär gesehen darauf zurück, das eigene Überleben zu sichern. Es ist also genau genommen ein narzisstisches Bedürfnis.

Jeder Mensch bewegt sich nur, wenn er selbst etwas davon hat.

Einfach, aber wahr. Es braucht also einen Nutzen! Entweder indem wir dem Kunden von einem Leid, vielleicht auch nur von einem Problem, erlösen. Oder indem wir eine Vision entwickeln, für etwas, was er selbst noch nicht erkennt.

Moritz hat es geschafft, dem Kunden eine exzellente Lösung anzubieten, für einen Bedarf, den er vorher überhaupt noch nicht sah. Damit bot er also einen echten Mehrwert! Im Silicon Valley nennt man das Disruption. Disruptive Innovationen entstehen immer dann, wenn alte Prozesse oder Denkweisen träge und zukunftsblind sind. Schaffen wir also hier eine Lösung, es entsteht eine Vision! Und der Kunde hat einen echten eigenen Nutzen und ist bereit, neue Wege zu gehen – und Geld auszugeben.

Die andere Variante ist, für das Problem des Kunden eine Lösung zu bieten. In dem Fall sollten wir das Problem, Ziel und Anliegen des Kunden kennen. Ein Problem ist vorhanden, wenn eine Störung im System vorliegt. Das Ziel ist erreicht, wenn das Problem behoben ist. Ein Anliegen bezeichnet das Streben nach etwas, zum Beispiel nach Kundenzufriedenheit oder Effizienz oder Wettbewerbssicherung. Gut zu wissen, wonach der Kunde strebt und wann er bereit ist, Geld auszugeben. Mehrwerte bieten durch das Lösen von Problemen oder Schaffen von Visionen.

Ich hatte mal eine Klientin in einem Workshop, die verwundert feststellte: »Ich kam ohne Anliegen zu Ihnen und gehe mit einer Lösung nach Hause. Das ist wirklich genial!«

#11 Coach dich selbst –
Welchen Mehrwert hat mein Kunde?

- Fokussiere ich mehr mein Produkt oder eher das Bedürfnis meines Kunden bei meiner täglichen Arbeit mit den Kunden?
- Was hat meinen letzten Kunden bewegt zu kaufen? Welchen Nutzen hat er durch mich gewonnen?
- Welcher Kunde war bisher mein anspruchsvollster? Weshalb?
- Wann habe ich bisher den größten Mehrwert an einen Kunden geben können?
- Was kann ich tun, damit der Mehrwert meiner Kunden immer so groß ist?
- Welcher Kunde ist bisher der herausforderndste für mich (oder welche Zielgruppe)?
- Was kann ich tun, um für diese einen echten Mehrwert (Problemlösung oder Visionsschaffung) erkennbar zu machen?

NOTIZEN

DIGITALER VERTRIEB – FATALE FEHLER

Acht Uhr morgens. Thomas hat soeben sein Büro betreten und festgestellt, dass seine Assistentin noch nicht dort ist. Er schaltet das Licht an, nimmt am Schreibtisch Platz und startet seinen Rechner. Wie jeden Tag sortiert er erst mal seine eingegangenen Mails, deren Anzahl sich heute in Grenzen hält. Dann erscheint seine Mitarbeiterin und bringt die aktuelle Post und die Unterschriftenmappe. Ein kurzer, freundliche Plausch, und beide machen sich wieder an die Arbeit. Nun öffnet er seinen Internetexplorer, um seine Nachrichten auf Xing und LinkedIn zu lesen.

> »Sie hat gelernt, wie sie ihr Profil perfekt anlegt und wie sie Reichweite und Kontakte knüpfen kann.«

Er hat diverse neue Kontaktanfragen. Er schaut sich die Profile der Menschen, die gern Kontakt hätten, an und entdeckt darunter eine interessante Firma, die eine Dienstleistung anbietet, über die er sich schon mal Gedanken gemacht hat. Er schaut sich das genauer an und entschließt sich, die Kontaktanfrage anzunehmen. Andere lehnt er ab, da er weder die Menschen noch die Unternehmen, für die sie arbeiten, kennt. Kurz darauf widmet er sich seinen Aufgaben, geht in die ersten Besprechungen mit den Mitarbeitern.

Nun lernen wir Sandra kennen. Sie hat vor kurzem

ihren neuen Job als Vertriebsberaterin bei einem innovativen Dienstleistungsunternehmen angetreten und ist voller Tatendrang. Die Produkte, die sie verkaufen soll, begeistern sie. Sie ist total überzeugt davon und nun, nachdem ihre Einarbeitung zu Ende ist, kann sie endlich loslegen. Da das Unternehmen noch neu am Markt ist, gibt es natürlich noch keinen Kundenstamm, den sie bearbeiten kann. Und mitten in der Coronakrise hat sie auch wenige geplante Möglichkeiten, mögliche Kunden direkt kennenzulernen.

Sie war vor kurzem Teilnehmerin in einem Onlineseminar, in dem ein Vertriebstrainer die verschiedenen Möglichkeiten der Kaltakquise mithilfe der sozialen Medien geschult hat. Dort hat sie auch gelernt, dass man Businessplattformen wie Xing und LinkedIn auch für die Kontaktaufnahme nutzen sollte. Sie hat gelernt, wie sie ihr Profil perfekt anlegt und wie sie Reichweite und Kontakte knüpfen kann.

Das Gelernte hat sie schnell umgesetzt, nur leider hat sie beim Seminar nicht mitgeschrieben und so sind dann doch einige Fehler passiert. Und da sie schnell Erfolge erzielen will und muss, macht sie nun den zweiten Schritt vor dem ersten. Das Profil ist immer noch unvollständig, auch Beiträge, die sie über die Themen ihres Arbeitgebers verfassen und einstellen sollte, fehlen noch komplett. Sie sucht nach bekannten Kontakten auf den Plattformen und findet auch schnell welche. Die Vernetzung funktioniert, man kennt sich ja.

Und nun geht es Schlag auf Schlag, sie bekommt immer wieder Kontaktvorschläge, und ohne groß auf die Profile zu schauen, vernetzt sie sich. Die Zahl derer, die ihre Kontaktanfragen annehmen, ist hoch und so wächst ihr Kontaktpool von Tag zu Tag. Voller Zuversicht startet sie nun Phase zwei der digitalen Kaltakquise. Sie verfasst eine einfache Mail und fügt einen Link zu einem Produktfilm ihres Arbeitgebers hinzu. Mit Drag & Drop schreibt sie nun an jeden ihrer neuen Kontakte eine Mail. Es geht ganz einfach. Einfach die Nachricht aufmachen, Anrede einfügen und dann den kopierten Text mit dem Link hinzufügen und versenden.

Ihre Mailingliste wird immer länger. Sie ist so begeistert von den Dienstleistungen, die sie anbieten kann. Und sie ist überzeugt, dass jedes Unternehmen, jede Firma, genau dieses Produkt braucht, um erfolgreich zu agieren. Und sie bekommt nun auch die ersten Antworten. Aber die fallen so ganz anders aus, als sie sich das vorgestellt hat.

Thomas sitzt gerade in einer Telefonkonferenz, als er auf seinen Bildschirm schaut und die Nachricht erhält, dass ihm jemand auf LinkedIn eine Nachricht geschrieben hat. Er erinnert sich an die Kontaktanfrage, die er heute Morgen beantwortet hat. Nun fällt ihm aber auf, dass die Dame gar keine Mail geschrieben hat, in der sie sich vorstellt, für die Kontaktbestätigung bedankt oder die Kontaktaufnahme begründet. Nun gut, vielleicht ist das nun in dieser Mail, denkt er sich und öffnet die Nachricht. Das war ein Fehler. Denn mit der Mail öffnet sich auch ein Film, laute Musik schallt aus den Lautsprechern. Hektisch schaltet er die Lautsprecher aus. Er ist ja noch in der Telefonkonferenz. Dann liest er den Text, der unpersönlich und formell ist. Und ziemlich direkt. »Da fällt jemand direkt mit der Tür ins Haus«,« denkt er sich und ist etwas irritiert. Er entschließt sich, auf die Mail zu antworten und ein Feedback zu geben. Freundlich aber bestimmt schreibt er, dass er solche Mails als aufdringlich empfindet und dass er keine dieser Mails mehr wünscht. Damit ist die Sache für ihn erledigt. Wenige Sekunden später kommt die Antwort auf seine Mail. Und was er da liest, lässt seine Gesichtszüge entgleiten. Damit hat er nicht gerechnet, dass er für sein Feedback dann auch noch direkt beleidigt und angegriffen wird.

Sandra ist gerade eifrig dabei, Mails an die vielen neuen Kontakte zu schreiben, als sie sieht, dass die ersten Antworten kommen. Erfreut öffnet sie eine der ersten Antworten und liest zu ihrem Erstaunen, dass der Empfänger so gar nicht begeistert von ihrem Angebot ist. Im Gegenteil, er beschwert sich darüber, dass sie so direkt ist und bezeichnet ihre Mail als aufdringlich! »Das geht ja gar nicht«, denkt sie sich. »Was erlaubt der sich denn? Der sollte doch dankbar sein, dass er ein so interessantes Produkt durch mich kennenlernt.« Und schon schreibt sie eine emotionale Antwort, die aus ihrer Sicht passend ist. »So ein Depp«, denkt sie sich, als sie die Mail abschickt.

Als Thomas die Antwort auf seine Antwort bekommt, kann er es nicht glauben, was dort steht. Und blockiert ohne weiteres Nachdenken die Absenderin. Es lohnt sich nicht, darauf zu reagieren. Er arbeitet nun weiter und vergisst den Vorgang. Aber Sandra ist immer noch dran, sie will nun doch noch diesen »Blödmann« von ihrem Angebot überzeugen. Sie schreibt eine lange Mail, entschuldigt sich für ihr direktes Vorgehen und versucht darzustellen, dass sie es nicht so gemeint hat. Als sie die Mail abschicken will, bekommt sie die Nachricht, dass der Kontakt sie blockiert hat und keinen weiteren Kontakt wünscht.

Thomas aber denkt weiter über die Dienstleistung, die ihm angeboten wurde, nach. Er ruft seinen Mitarbeiter in der Marketingabteilung zu sich und erzählt ihm von seiner Idee und diskutiert, ob man sowas umsetzen könnte und ob es Sinn macht. Schnell entsteht ein Marketingprojekt. Zufällig kommt auch der Vertriebsleiter vorbei und ist von der Idee begeistert. Der Input ist hervorragend und so beschließt man gemeinsam, ein neues Projekt zu starten. Die Einkaufsabteilung wird aufgefordert, einen Dienstleister zu suchen. So hat Sandra unbewusst einen möglichen Kunden inspiriert, ein neues Projekt ist entstanden und ein Wettbewerber hat einen tollen Auftrag bekommen.

FAZIT DES TAGES: Auch wenn Sie in der digitalen Welt unterwegs sind – es gelten immer noch die Regeln des realen Lebens.

128

jana jeske COACHING
Potenziale entfalten

Erfahrungen mit Erfahrungen …
und die Sache mit der Angst

Es gibt Menschen, die kommen gar nicht ins Tun. Und es gibt Menschen, die machen einfach drauflos, so wie sie gerade meinen. Sie wurschteln sich durch oder machen, ohne zu denken. Meist führt weder das eine noch das andere zum nachhaltigen Erfolg. Vielleicht braucht es einfach eine gute Mischung.

Ohne Erfahrung müssen wir Erfahrungen sammeln, um mit Erfahrung handeln zu können. Andererseits: Ohne Erfahrung können wir es auch vorsichtshalber lassen, um keine falschen Erfahrungen zu machen. Ein tückischer Kreislauf. Die Frage ist also vielmehr:

Wie kann ich Fehltritte minimieren und von den Erfahrungen anderer lernen, um großes Scheitern in den mir wichtigen Projekten zu vermeiden?

Gut, Vermeidung ist grundsätzlich zwar keine gute Dauerstrategie. Denn zu viel Vermeidung resultiert meist aus Angst. Und genau die hindert uns dann zu beginnen. Sicher, die Angst ist auch ein guter Ratgeber, um sich zu schützen. Denn Menschen, die zu viel planen und detailreich vorgehen und sich immer absichern wollen, scheitern. Und das schon, bevor sie begonnen haben. Daher ist die Frage auch:

Wie kann ich Mut aufbringen und einfach mal machen, um nicht aus Vermeidung heraus vor dem Berg stehen zu bleiben und gar nichts zu tun?

Möglicherweise wäre es Sandra schon besser gelungen,

hätte sie sich über Vorgehensweisen im digitalen Vertrieb informiert. Durch einen Austausch mit ihrem Chef, Informationen im Netz oder allein damit, verschiedene Strategien mit unterschiedlichen Kontakten auszuprobieren. So wäre vielleicht nur einer verprellt und andere gewonnen worden.

Nun, im Grunde gestehen wir uns alle nur ungern ein, wenn wir etwas nicht können. Schließlich wertet es uns ab. Damit schwächt es unser menschliches Grundbedürfnis nach Anerkennung. Also ein ganz natürlicher Akt zum Schutz unserer psychischen Stabilität. Um voranzukommen, müssen wir oft erst einmal zwei Schritte zurückgehen, um wieder drei Schritte voranzuschreiten. Dann haben wir gelernt und unsere Handlungskompetenzen erweitert.

Sandra hat diesen Prozess ebenso erlebt, nur destruktiv. Sicherlich hatte sie auch Bedenken, im neuen Job gleich einzugestehen, etwas nicht zu bewältigen zu können. Vielleicht war es ihr aber auch selbst gar nicht bewusst, was sie damit in der Folge auslöst. Konstruktiv wäre es gewesen, wenn sie sich zuvor informiert oder dies in einer praxistauglichen Schulung gelernt hätte. So wie es nun passierte, geht es auch, nur eben etwas schmerzhafter. Sie lernte ja auch dazu. Wahrscheinlich wenigstens, dass sie keine Kunden mit dieser Art von Strategie gewinnt. Alles gelingt übrigens von allein, auch ohne aktives Zutun. Es dauert dann nur etwa länger.

#12 Coach dich selbst – Warten oder starten?

- Bin ich mutig oder eher vorsichtig? Welche Erlebnisse oder Erfahrungen habe ich mit dem Scheitern oder Erfahrungen gemacht?
- Welcher Typ bin ich: Verharre ich lieber im Nichtstun oder mache ich einfach drauflos?
- Wann ist es mir gelungen, eine gute Mischung aus Vermeidung und Mut zu praktizieren?
- Wo habe ich gerade keine gute Mischung? Was kann ich hier tun, um erfolgreicher zu sein?
- Wo sollte ich mir ehrlicherweise Unterstützung holen, um effektiver erfolgreich zu sein?

NOTIZEN

»Wenn die Sehnsucht größer wird als
die Angst, wird Mut geboren.«
RAINER MARIA RILKE

ÜBERZEUGEN STATT BELEHREN

Der Markt ist in Bewegung. Konzerne konzentrieren sich auf ihre Kernkompetenzen, die sich auch in ihren Systemen abbilden lassen. Produkte und Produktionsprozesse werden zusehends harmonisiert und standardisiert. Individuelle Kundenwünsche, die früher erfüllt werden konnten, können nicht mehr berücksichtigt werden. Die Digitalisierung trägt zu dieser Entwicklung bei. Genau das ist eine große Chance für neue Unternehmungen, die als Start-ups gegründet werden. Oft genug kommen die Gründer aus Konzernen, die genau diese Standardisierung und Digitalisierung perfekt umgesetzt haben.

Ein namhaftes Unternehmen hat in einem aufwendigen Wettbewerb für ein Prestigeprojekt den ersten Preis gewonnen. Die Entwickler, die am Wettbewerb teilgenommen haben, setzten ihre ganze Kreativität ein, um den Anforderungen des ausschreibenden Unternehmens gerecht zu werden. Bürger wurden befragt, Experten haben sich viele Tage den Kopf zerbrochen, und so ist ein unglaublich schönes, aber auch anspruchsvolles Projekt entstanden. Nun geht es an die Umsetzung. Das Unternehmen hat alle seine Lieferanten zu einem Projektmeeting eingeladen.

Alle sind gekommen, um sich das Projekt anzusehen und mehr zu erfahren. Das Unternehmen von Max ist seit vielen Jahren Partner des Kunden und somit klar im Vorteil gegenüber den Wettbewerbern. Denn nicht nur Moritz ist gekommen, nein, fast alle Unternehmen aus der Branche sind da. Das liegt auch daran, dass das Projekt sehr im öffentlichen Interesse steht und nicht nur das Quartier, sondern die ganze Stadt und darüber hinaus auch die Region beeinflussen wird. Die Stadtverwaltung geht davon aus, dass dieses Projekt eine ganz neue Gruppe von Touristen aus der ganzen Welt anlocken wird.

Schon während der Präsentation der Grundidee, die hinter dem Projekt steht, wird klar, dass es sich hier um etwas Außergewöhnliches handelt. Und als man dann in die Projektbeschreibung und die technischen Details einsteigt, wird deutlich, dass hier viel Kreativität und Individualität für die Umsetzung gebraucht werden wird. Aber es zeigt auch, dass die Planer der irrigen Meinung sind, dass sich alles, was man plant, auch entsprechend umsetzen lässt.

> »Moritz spürt, dass hier etwas Besonderes entstehen wird, das auch an ihn und sein Unternehmen höchste Anforderungen stellen wird.«

Nach der Präsentation können Fragen gestellt werden. Max, der schnell erkannt hat, dass sein Unternehmen hier vermutlich nach dem derzeitigen Stand der Planungen keine Produkte anbieten kann, ist als Erster an der Reihe. Er lobt das Projekt überschwänglich und betont, dass sein Unternehmen höchstes Interesse daran hat, hier mit seinen Produkten vertreten zu sein. Aber er führt auch aus, dass nach derzeitigem Stand der Planungen die Anforderungen nicht erfüllt werden können. Denn, so Max, die Standardprodukte passten nicht und individuelle Lösungen könnten angesichts des vorhandenen Budgets und der kurzen Zeit wohl nicht entwickelt werden. Er bietet an, den Planern beratend beizustehen und die Pläne so umzugestalten, dass die Produkte des Unternehmens auch passen. Einige der anderen Anwesenden stellen Nachfragen, bringen eigene Ideen ein oder schlagen Änderungen oder Optimierungen vor. Es entsteht eine lebhafte

Diskussion zwischen den Teilnehmern, und die Planer hören nur aufmerksam zu, beantworten einige Fragen, lassen andere offen.

Die Planer nehmen diese Ansagen zur Kenntnis, äußern sich aber nicht weiter dazu. Und so geht Max davon aus, dass in den nächsten Tagen Planungsgespräche terminiert werden. Er öffnet seinen Laptop, und nachdem er sein CRM-Programm gestartet hat, gibt er Aufträge an seinen Innendienst weiter. In der Rubrik, in der er eintragen sollte, wie hoch die Chancen eines Verkaufes stehen, klickt er auf »exzellent« und begründet das damit, dass das Unternehmen seit vielen Jahren Hauptlieferant des Kunden ist.

Auch Moritz hört sich die weiteren Fragen der Wettbewerber an und macht sich eifrig Notizen. Er spürt, dass hier etwas Besonderes entstehen wird, das auch an ihn und sein Unternehmen höchste Anforderungen stellen würde. Ob man gemeinsam eine Lösung finden wird, das kann er noch nicht beurteilen. Nach der Veranstaltung geht er zu einem der Planer, stellt sich vor und bekundet, dass er sehr an dem Projekt interessiert sei. Aber er betont, dass er noch nicht abschätzen könne, ob man überhaupt in der Lage sein würde, adäquate Lösungen anzubieten. Deshalb würde er gern in den nächsten Tagen ein Gespräch mit den Ingenieuren seines Unternehmens und den Planern vereinbaren, um weiter in die technischen Details einzusteigen und mehr über den Hintergrund der komplizierten Planungen zu erfahren.

Nachdenklich verlässt Moritz die Veranstaltung. Einerseits ist da der Wunsch, hier mitzumachen, aber dann ist da auch die Realität der Produktwelt seines Arbeitgebers. Als er im Hotel angekommen ist, ruft er seinen Vorgesetzten an und berichtet von dem Projekt und den komplizierten Details, die er schon bei der Präsentation erkannt hat. Dann überlegt er sich verschiedene Wege, wie er an den Auftrag kommen kann.

In den nächsten Tagen bereitet er sich mit seinen Kollegen und Vorgesetzten auf das Gespräch vor. Er hat da einige Ideen, wie es klappen könnte. Und so nimmt er Kontakt mit einigen ehemaligen Kollegen auf, die das Unternehmen verlassen und sich in einer Marktnische selbstständig gemacht haben. Ohne konkret zu sagen, worum es geht, klopft er die Bereitschaft einer Zusammenarbeit ab. Langsam findet er den Weg zu einer guten Lösung, die er nun noch durchbringen muss. Seine Idee ist, dass sein Unternehmen überall da, wo man mit den Standardlösungen arbeiten kann, diese einbaut und überall dort, wo andere Lösungen gefunden werden müssen, um die Idee der Planer umzusetzen, auf diese kleinen Start-ups zurückgegriffen werden sollte. So wäre gewährleistet, dass seine Firma im Projekt ist und gleichzeitig das Projekt in seiner Einzigartigkeit nicht verändert werden müsste.

Inzwischen hat Max seine Assistentin mit der Terminvereinbarung beauftragt. Einige Tage später erkundigt er sich, wann der Termin stattfinden wird. Er ist leicht ungehalten, als er erfährt, dass es noch keinen Termin gibt und dass die Planer mitgeteilt haben, dass man auf ihn zukommen würde. Er akzeptiert widerwillig und legt einen neuen Wiedervorlagetermin an.

Derweil ist Moritz in intensiven Gesprächen mit der Geschäftsleitung und den Ingenieuren und kann sie überzeugen, seiner Idee einer Kooperation mit den kleinen Unternehmen zu folgen. Er nimmt persönlich Kontakt mit dem Planer auf, mit dem er bei der Präsentation gesprochen hat und vereinbart einen Termin. Und er organisiert ein Team aus Kollegen aus den Unternehmen und Inhabern der Start-ups, mit denen er das Projekt gern umsetzen möchte.

Pünktlich zum vereinbarten Termin sind alle im Planungsbüro. Moritz hat einen riesigen Fragekatalog zusammengestellt, der nun Punkt für Punkt besprochen wird. Die Planer merken schnell, dass hier ein Team arbeitet, dass weiß, worum es geht und sich sehr bemüht, Lösungen zu finden. Sie erkennen aber auch, dass nicht alles, was geplant wurde, so umsetzbar ist, weil es einfach auch gesetzliche und normative Vorgaben gibt, die es einzuhalten gibt. Und man signalisiert, dass man gern auf die Kompetenz des Teams zurückgreifen würde, um wirklich realisierbare Ausschreibungen vorzubereiten. Am Ende des Tages ist man sich einig, dass es weitere Gespräche geben muss und auch wird.

Max hingegen fragt zwei Wochen später erneut nach einem Termin, den er unbedingt haben möchte. Er hat in einer langen Mail an die Planer geschrieben, dass das Projekt so, wie es derzeit aussieht, für sein Unternehmen nicht umsetzbar ist und sehr genau aufgelistet, wo die Planungen überarbeitet und angepasst werden müssten. Natürlich hat er hat sich nicht weiter mit dem Projekt und dem eigentlichen Sinn auseinandergesetzt. Er hat auch nicht realisiert, dass sowohl der Auftraggeber als auch das Planungsbüro aus einer bestimmten Philosophie heraus genau so und eben nicht anders geplant haben. So gibt es immer noch keinen Terminvorschlag. Unwirsch erklärt er nun seiner Assistentin, dass er die Terminierung selbst machen wird.

Am nächsten Tag erreicht er den Planungschef und fragt nach, ob man seine Mail erhalten habe. Dies wird bestätigt. Dann fragt er, wann man sich treffen könne, um weitere Details zu besprechen. Nicht ohne voll Stolz zu erwähnen, dass man ja bisher auch immer alles gemeinsam gemacht habe. Fassungslos nimmt er zur Kenntnis, dass man zum jetzigen Zeitpunkt kein Gespräch mit ihm führen möchte und sich bei Bedarf melden würde.

Die Zeit verstreicht, und das Projekt, das immer wieder auch in der örtlichen Presse Gegenstand der Berichterstattung ist, schreitet voran. Aufgrund der Gespräche mit Moritz und seinem Team wurden einige Planungen adaptiert und verändert. Auch andere Spezialisten wurden befragt und so hat sich ein sehr guter Kompromiss ergeben, der auch sicherstellt, dass bei der Ausschreibung die geforderten drei Angebote von verschiedenen Unternehmen abgegeben werden.

Es braucht einige Tage, bis die Ausschreibungsunterlagen fertig sind und versandt werden können. Auch Max bekommt diese Unterlagen. Nachdem er sie sorgfältig studiert hat, stellt er fest, dass sein Unternehmen wohl kaum in der Lage sein wird, die Lösungen, die angefordert werden, herzustellen und zu liefern. Er greift zum Telefon und ruft die Planer an. Zuerst bedankt er sich für die Unterlagen und kommt dann sehr schnell auf seine Probleme mit der Ausschreibung zu sprechen. Er weist darauf hin, dass er ja mehrmals um ein Gespräch gebeten habe, um bei der Änderung der Pläne behilflich zu sein. Aber vergebens. Er erfährt, dass es keine weiteren Umplanungen mehr geben wird. Jetzt wird Max ungehalten. Er ruft den Investor an, um ihm zu erklären, dass bei der vorliegenden Ausschreibung Fehler gemacht wurden und dass die Planer nicht bereit seien umzuplanen. Der Investor erklärt, dass er volles Vertrauen in seine Teams habe und sich nicht einmischen möchte. Und damit ist klar, wer den Auftrag schließlich nach Hause bringen wird.

Viele Unternehmen und Konzerne haben gestraffte und harmonisierte Produkte und Dienstleistungen. Verkäufer wie Max haben damit kein Problem. Sie sprechen mit dem Kunden, versuchen, den Kunden zu Planänderungen zu bewegen, damit ihre Produkte passen. Und wenn das nicht klappt, dann wird eine Absage geschrieben. In einem Markt, in dem reiner Verdrängungswettbewerb stattfindet, ist das oft schwierig. Denn wenn ein Kunde erst mal verloren ist, wird es sehr schwer, den Kunden wieder zurückzugewinnen. Eine alte Verkäuferweisheit sagt, dass es leichter ist, zehn neue Kunden zu gewinnen, als einen verlorenen Kunden zurückzuholen.

FAZIT: Nicht die Dienstleister und Hersteller steuern den Markt und die Bedürfnisse der Konsumenten, sondern die Nachfrage, Zeitgeist und Megatrends verändern die Anforderungen an die Hersteller und Dienstleister. Wenn ein Unternehmen sich weigert, diese Tatsachen einzugestehen, wird es früher oder später erfolgreich scheitern.

jana jeske COACHING
Potenziale entfalten

Erfolg durch Kooperationen – Potenzialentfaltung gelingt erst durch Gemeinschaft

Es gibt Menschen, die behaupten, Netzwerken sei nichts für sie. Erstens bräuchten sie das nicht und zweitens hätten sie keine Lust auf irgendwelche Plaudereien und darauf, jemanden spielen zu müssen, der sie nicht sind. Mal ehrlich, was schwingt dort mit? Keine Zeit? Keine Lust auf Gesellschaft, weil es ungewohnt ist? Bedenken, sich falsch zu verhalten oder ins Fettnäpfchen zu treten? Was auch immer es ist, es ist schade. Warum? Voneinander können wir so viel lernen. Haben Sie von dem kuriosen Experiment gehört, indem ein frisch geborenes Lebewesen allein gelassen wurde? Es wurde grund-, aber nicht sozialversorgt. Es ging ein, es wurde immer kränker und kraftloser. Warum? So wäre es nicht überlebensfähig gewesen. Wie denn auch? Woher sollte es wissen, dass es laufen kann oder wie es das anstellen könnte? Die Menschen wollen sich entwickeln und entfalten. Jedes Kind kommt mit dem Grundbedürfnis der Neugier und dem Wunsch zu lernen zur Welt. Im Laufe der Zeit wird das leider viel zu oft aberzogen, weil die Menschen Kinder immer mehr zum Objekt ihres Lebens und ihrer Umstände machen. Die Freiheit der Kinder, ihre Neugier und damit verbunden positive Erfahrungen gehen damit mehr und mehr verloren. So gewöhnen sie sich daran zu machen, was ihnen gesagt wird und mitzulaufen, anstatt selbst zu gestalten. Oft bleibt dabei auch die Eigenverantwortung und Empathie auf der Strecke. Das wiederum macht es schwer, sich in Gruppen positiv integrieren zu können. Auch kann das dazu führen, als Einzelkämpfer durch die Welt zu schreiten. Sollte es hier und da nicht funktionieren, kämpft man halt noch etwas mehr. Das kann funktionieren, kostet in jedem Fall aber jede Menge Kraft.

In Gemeinschaft kann es mit so viel weniger Kraft gelingen, das zu erreichen, was man sich wünscht. Mehr noch: Es kann gelingen, das zu erreichen, was man nie glaubte, erreichen zu können! Warum ist das so? Durch die Perspektivwechsel, das Reflektieren miteinander, die Ballung der Kompetenzen und ganz unterschiedlicher Persönlichkeiten (Vorsichtige, Mutige, Innovative, Beständige, Erfahrene u. v. m.) haben wir viel größere Möglichkeiten, als uns allein zur Verfügung stehen.

Klar, müssen wir uns nur mit uns selbst abstimmen, kann man vielleicht schnell voranschreiten. Je mehr Menschen aufeinandertreffen, desto größer ist auch das Konfliktpotenzial. Doch: Desto größer ist auch die Schwarmkompetenz! Gelingt es jedem einzelnen in der Gemeinschaft, anderen mit Offenheit und Toleranz zu begegnen und in Projekten Zeit und Ruhe zu bewahren, so kann daraus Großes entstehen.

Gemeinschaften können auch lähmen, das kann am Erfolg hindern. Oft erleben wir das in großen Organisationen oder solchen mit ausgeprägten Hierarchien. Sie sind dann träge und entscheidungsschwach. Innovationen werden gehemmt und Fehler selten toleriert. Und dass, obwohl so viel Kompetenz beisammensitzt.

Es braucht also mehr, als nur viele Menschen, die zusammenkommen. Damit eine Gemeinschaft ihr Potenzial entfalten kann, braucht es – neben dem gemeinschaftlichen Anliegen zum Antrieb und Start – vier Flügel:

- Wertevorstellungen und Anliegen ähnlicher Art zum Harmonieren und als Antrieb
- Stärken verschiedener Art zum Aufbauen
- Rahmenbedingungen zum gemeinschaftlichen Arbeiten
- ein Miteinander zum Auffangen und Unterstützen

Treffen also sehr ähnliche Menschen aufeinander, wird sich weniger Potenzial entfalten, als wenn unterschiedliche Menschen zusammenkommen. Treffen sehr unterschiedliche Menschen aufeinander, sind Reibungen umso wahrscheinlicher. Dann ist es besonders wichtig, achtsam und tolerant miteinander umzugehen und gleichzeitig zu pragmatischen Lösungen zu kommen, um sich nicht gegenseitig zu lähmen.

Wem von unseren beiden, Max und Moritz, ist es nun in dem großen kreativen Prestigeprojekt gelungen, das Potenzial auszuschöpfen, was erforderlich war, um erfolgreich zu sein? Es war sicher mutig von Moritz, diesen Weg zu gehen. Ebenso brauchte es ein starkes Selbstbewusstsein, davon andere zu überzeugen. Es schwang sicherlich auch die Angst mit, dass es scheitern könnte. Aber der Wunsch zu gewinnen und exklusives (mit-)zugestalten, war größer – der Erfolg kam von allein, denn sie waren ja zusammen.

Was braucht es zur Potenzialentfaltung?

Was motiviert mich im Leben?
Werte im Leben

Woran kann ich anknüpfen?
Stärken & Erfolgsmuster

Was brauche ich? Was kann ich leisten?
Möglichkeiten & Grenzen

Welches Umfeld unterstützt mich?
Berufliches Umfeld

#13 Coach dich selbst – Gemeinsam oder einsam?

- Bin ich eher der Alleinumsetzer oder der Teamworker?
- Wann gab es in meiner Vergangenheit ein richtig tolles gemeinschaftliches Projekt, in dem wir in einem guten Flow zusammengearbeitet haben?
- Wann gab es gemeinschaftliche Projekte, die scheiterten? Woran lag es? Welche Aufgaben und Herausforderungen kann ich gut oder besser allein gestalten?
- Welche Aufgaben und Herausforderungen sollte ich aktuell oder zukünftig mit anderen gemeinsam gestalten? Weshalb gelingt es dann besser?
- Was gefällt mir an Projekten in einer Gemeinschaft?
- Wie kann ich gemeinschaftliche Projekte eruieren? Was kann ich besonders gut in Gemeinschaft? Was könnte mein Anteil daran sein?

NOTIZEN

»Niemand kann seine Potenziale allein entfalten. Jeder Mensch braucht dazu immer die Beziehung zu anderen Menschen.«
DR. GERALD HÜTHER

GEHE MIT DER ZEIT, SONST GEHST DU MIT DER ZEIT

Vertrieb ist ja nicht nur eine Sache der Konzerne und großen Unternehmen. Auch kleine Unternehmen wollen ihre Produkte und Dienstleistungen verkaufen. Das Handwerk hat heute den großen Vorteil, dass es vielerorts enorm nachgefragt ist. So können sich Betriebe oft aussuchen, wann und wo sie arbeiten. Das trifft besonders auf das Bauhandwerk zu. Ich kenne Unternehmen und Unternehmer, die sich vor Aufträgen nicht retten können. Aber irgendwie kommen sie dann doch nicht so richtig weiter und arbeiten oft genug am finanziellen Abgrund.

Warum ist das so? Nun, Handwerk hat Tradition. Handwerksunternehmen werden oft schon seit Generationen familiär geführt und die Traditionen bewahrt. Innovationen und technologische Fortschritte werden, wenn überhaupt, nur zögernd angenommen. Denn sie bedeuten oft genug, dass innerhalb des Betriebes strukturelle Veränderungen durchgeführt werden müssen und sich die Rollen der Mitarbeiter oder Inhaber verändern. Dasselbe gilt aber auch für Dienstleister.

Ein Unternehmen ist regional verwurzelt, und genauso wie die Inhaber sind auch die Kunden oftmals seit vielen Generationen mit diesem Unternehmen verbunden. Doch die Kunden verändern sich. Ihre Bedürfnisse verändern sich. »Das haben wir immer schon so gemacht« – dieser Satz zählt für den Kunden nicht. Denn beeinflusst von der digitalen Welt folgt dieser den neuen Trends. Besonders dramatisch ist das bei Privatkunden. Aber auch bei Unternehmen, denn sie müssen sich anpassen, ob sie wollen oder nicht. Gesetze, Verordnungen und/oder Normen unterliegen einem ständigen Wandel.

Ein Unternehmer, der viele Jahre erfolgreich am Markt aktiv war, stellt fest, dass seine Kunden weniger werden. Statt sich zu hinterfragen und zu informieren, arbeitet er weiter wie bisher, und in Gesprächen erwähnt er immer wieder, dass die Kunden ja so kompliziert geworden sind. Er berichtet davon, dass er immer mehr Aufträge nicht annehmen kann, weil er so nicht arbeitet oder nicht arbeiten will. Er will die Tradition seines Vaters fortführen. Auch weil sein Vater, der den Betrieb wiederum von seinem Vater übernommen hat, noch immer im Betrieb mitarbeitet und jede Modernisierung ablehnt. Wozu brauchen wir dies, wozu brauchen wir das. Lass das, das wird nichts werden, und irgendwann wird es sowieso nicht mehr funktionieren.

Statt auf den Markt zu reagieren, innovativ zu sein, nimmt man immer mehr kleine Aufträge an, die sich eigentlich nicht lohnen, weil die Vor- und Nachbereitungsarbeiten so aufwendig und teuer sind. Das führt dazu, dass sich das Unternehmen aus dem Geschäft mit Gewerbekunden mehr und mehr verabschiedet und irgendwann nur noch für Privataufträge und Liebhaberarbeiten beauftragt wird.

> »Wenn andere darauf hinweisen, dass man sich anpassen und verändern sollte, wird es höchste Zeit.«

Wenn Kunden oder Partner darauf hinweisen, dass sich der Unternehmer anpassen und verändern sollte, bekommen sie oft genug den Hinweis, dass man schon so lange am Markt aktiv ist, dass man genau weiß, wie es geht. Und wenn diese Kunden dann darauf hinweisen, dass es einen neuen Betrieb

gibt, der sich auf die Neuerungen und Innovationen eingestellt hat, entgegnet der Unternehmer, dass er überzeugt ist,
dass dieses Greenhorn keine Ahnung hat und sein Unternehmen nur eine Eintagsfliege ist. Es dauert dann in der Regel
nicht mehr lange, bis das Unternehmen nicht mehr besteht.

Andere Handwerker hingegen gehen mit der Zeit. Sie
besuchen Schulungen und informieren sich. Die Unternehmer sind in kleinen, regionalen Netzwerken aktiv und halten so ständig Kontakt zu anderen Unternehmern. In den
Gesprächen werden Informationen über neue Trends ausgetauscht, und der Unternehmer prüft, inwieweit die inner-
betrieblichen Ressourcen reichen, neue Technologien oder
sogar neue Produkte oder Dienstleistungen anzubieten. Sie
gehen mit der Zeit.

Bedingt durch die wirtschaftlichen Veränderungen und
die Marktbedingungen gehen viele Unternehmen, die in der
Tradition hängen bleiben, in die Insolvenz und werden im
besten Fall von anderen Firmen gekauft und weitergeführt.
Das passiert aber nicht aus der Liebe zum Handwerk, sondern ganz einfach deshalb, weil der neue Inhaber erkannt
hat, dass er mit jedem Unternehmen, das seinen Betrieb ein-
stellt, auch das wertvollste Kapital des Unternehmens, die
Kunden, übernimmt.

Natürlich ist es schwer, diese Kunden weiter zu halten
und an den neuen Dienstleister heranzuführen. Aber diese
Unternehmer haben auch erkannt, dass es sich besonders in
solchen Fällen lohnt, gezielte Netzwerkarbeit zu leisten. Sie
laden diese Kunden zu Events und Betriebsbesichtigungen
ein oder gehen auf andere Art und Weise aktiv an die zu-
künftigen Kunden heran. Sie sprechen mit ihnen, gehen mit
der Zeit, sind innovativ und auch bereit, neue Wege zu gehen.
Und oftmals auch, völlig neue Dienstleistungen anzubieten.

Übrigens, das ist kein Phänomen der modernen Zeit.
Das Handwerk sich verändert, das ist schon seit vielen Jahr-
hunderten so. Handwerk und Technik verändern sich, seit

es das Handwerk gibt. Bestimmte Berufe sind so gut wie ausgestorben, weil es schlichtweg keinen Bedarf mehr gibt. Oder kennen Sie noch einen Steinmetz, der auf einer Baustelle Steine mit Hammer und Meißel zurechtklopft, um damit ein Haus zu bauen?

Andere Berufe haben ihr Tätigkeitsfeld total verändert. Ein schönes Beispiel dafür ist der traditionelle Beruf des Automechanikers. Ich komme noch aus der Zeit, in der fast jeder mit etwas Geschick an seinem Auto durchaus erfolgreich kleine Reparatur- und Einstellarbeiten selbst vornehmen konnte. An meinem ersten Auto habe ich sogar die Zündung selbst justiert. Und es hat funktioniert. Auch das Öl habe ich selbst gewechselt. In den Werkstätten waren damals richtige Schrauber tätig, die mit schmierigem Blaumann unter den Wagen standen und diese repariert haben. Heute heißt der Beruf Mechatroniker, die meisten Arbeiten werden heute computergestützt vorgenommen.

Auch der Radio- und Fernsehtechniker ist nicht mehr das, was er mal war. Wer repariert heute noch seinen Fernseher? Abgesehen davon, dass es in den meisten Fällen gar nicht mehr funktioniert, lohnt es sich meist finanziell auch nicht mehr. Und so wie sich die Produkte verändert haben, haben sich auch die Berufe verändert. »Das haben wir immer schon so gemacht« – diese Einstellung hat zwangsläufig zum Ende des Unternehmens geführt.

Ja, nichts ist beständiger als der Wandel. Und genauso wie jeder Beruf an und für sich Veränderungen unterworfen ist, ist auch der Vertrieb oder die Art der Akquise von Aufträgen Wandlungen unterworfen. Der Handwerker ist heute gezwungen, bei Ausschreibungen mitzumachen, sich um neue Aufträge zu bewerben und sich und sein Unternehmen in einer modernen, zeitgemäßen Form zu präsentieren. Digitale Kommunikation und digitale Systeme wie BIM (Building Information Modelling), eine moderne Website und vor allem beständiges Sich-Sichtbar-Machen und dafür sorgen, dass die Fachwelt Kenntnis von dem Unternehmen und seinen Produkten nimmt, das ist wichtig. Oft helfen auch Videospots – denn ein Bild sagt mehr als tausend Worte. Raus aus der stillen Werkstatt und vor die Kamera – sich präsentieren und dafür sorgen, dass man gekauft wird und nicht verkaufen muss. Das ist die moderne Strategie.

FAZIT: **Wer nicht mit der Zeit geht, der geht mit der Zeit. Auch für Traditionsbetriebe ist das Agieren in Netzwerken und Gemeinschaften unglaublich wichtig. Denn nur echte Beziehungen führen auch hier zu neuen Geschäftsbeziehungen.**

Du machst es falsch – merkst du's nicht!?

Mal ehrlich: Wie viele Unternehmensberater kamen in den letzten Jahren um die Ecke, um kleinen und mittelständischen Unternehmen zu erzählen, was sie falsch machen? Wie viele Unternehmen hat das tatsächlich nach vorn gebracht, und wie viele davon machen es heute so wie zuvor? Wer will sich schon sagen lassen, was man richtig und was man falsch macht? Es bewertet damit ein Unternehmen und gibt einen Rat. Es bringt auch deswegen rein gar nichts, weil es nicht konsequent an den Bedürfnissen der Unternehmen anknüpft und nicht von ihnen selbst heraus erarbeitet wurde.

Lernen gelingt erst dann, wenn
- … wir Herausforderungen erst einmal selbst *erkennen,*
- … wir diese Herausforderungen *bewältigen wollen,*
- … wir *Zusammenschlüsse finden,* die ähnliche Anliegen bewegen,
- … diese Zusammenschlüsse dazu *geöffnet* sind und dazu *einladen,* dieselben Herausforderungen gemeinschaftlich zu bewältigen,
- … wir uns in der Gemeinschaft *aufgehoben fühlen* und angenommen werden, wie wir sind,
- … wir uns an verschiedenen Vorbildern orientieren und *Visionen entwickeln* können,
- … uns damit Unbewusstes bewusst wird oder wir einfach *Neues entdecken* können,
- … wir positive Emotionen *im Lernprozess* erfahren (Freude, Erstaunen, Neugier usw.).

Dies gilt im Übrigen für Unternehmen und Organisationen wie auch für Menschen, insbesondere für im Lernprozess befindliche Kinder.

Durch ständigen Wandel können wir uns nicht auf das Wesentliche konzentrieren und sind zerstreut, wenig fokussiert und scheitern erfolgreich. Durch zu viel Beständigkeit verlieren wir ebenso den Anschluss, da sich andere um uns herum weiterentwickeln – egal ob im Unternehmen oder in Persönlichkeiten. Vielleicht geht es mehr um das Ausbalancieren, als um das Entweder-oder.

#14 Coach dich selbst –
Balance zwischen Tradition und Fortschritt

- Bin ich eher der beständige oder der wechselfreudige Typ?
- Was hat das für Folgen in meinem täglichen Handeln und für meinen Erfolg?
- Welches Potenzial schöpfe ich aufgrund dessen nicht aus?
- Was wäre, wenn ich mehr vom anderen Typus hätte?
- In welchen Situationen könnte ich mein typisches Verhalten verlassen und mich mal ausprobieren, anders zu verhalten? (Beachte: Wenn es sich komisch und falsch anfühlt, ist es gelungen, es anders zu machen.)

»Wenn der Wind des Wandels weht, bauen die einen
Schutzmauern und die anderen Windmühlen.«
LAOTSE

ANDERS ERFOLGREICH SEIN

Erfolg definiert fast jeder, der im Vertrieb arbeitet, anders und aus seiner ganz persönlichen Sicht-, Lebens- und Arbeitsweise. Aber am Ende geht es doch immer wieder darum, finanziellen Benefit, also Prämien, Provisionen oder Erfolgsbeteiligungen zu erarbeiten. Um seinen Lebensunterhalt zu bestreiten und manchmal auch etwas mehr vom Leben zu haben. Ich habe in meinem Leben viele Menschen kennengelernt, die durchaus erfolgreich ihr berufliches Leben gestalten, ordentliche Umsätze generieren und beim Kunden und in der Firma angesehen sind. Sie arbeiten oft recht lange für ein und denselben Arbeitgeber, und wenn sie das Unternehmen wechseln, bleiben sie doch in der Branche. Sie schwimmen mit der Masse der Kollegen mit, fallen selten auf und bleiben so Mittelmaß.

Andere wiederum sind deutlich aktiver, agiler und beschreiten auch neue Wege. Das ist meist damit verbunden, dass sie den Arbeitgeber wechseln oder sogar in die Selbstständigkeit gehen, denn sie wollen sich, ihre Persönlichkeit, ausleben und verwirklichen. Und dann gibt es Menschen, die Außergewöhnliches leisten, ohne darauf fixiert zu sein, als außergewöhnliche Menschen zu gelten. Sie haben ihren Beruf zur Berufung gemacht.

Im Rahmen meiner Ausbildung zum Change-Manager und Managementtrainer hatte ich die Aufgabe, außergewöhnliche Menschen zu identifizieren und mit ihnen über ihren Erfolg, ihre Motive und ihre Ziele zu sprechen. Am Ende der Ausbildung habe ich mit drei dieser außergewöhnlichen Menschen gesprochen, sie interviewt und unglaublich viel gelernt. Jeder dieser Menschen stand an der Spitze eines großen Unternehmens, das sie in vielen Jahren fleißiger Arbeit entwickelt und zum Erfolg geführt haben.

Das erste Gespräch führte ich mit einem Menschen, der sehr erfolgreich in der Kaffeebranche unterwegs ist. Er wollte nie besonders reich sein. Ganz im Gegenteil, Geld und materielle Güter spielen in seinem Leben eine untergeordnete Rolle, auch wenn er heute zu den Wohlhabendsten in Deutschland zählt. Er hatte eine Vision. Und die Vision war einfach. Er wollte, dass überall, wo er in Deutschland und Europa hinkommt, die Menschen seinen Kaffee kaufen und genießen. Und er hatte die Vision, zu den Besten seiner Branche zu gehören. Daran hat er mit seinem Team, das im Laufe der Zeit immer größer geworden ist, gearbeitet. Und so ließ sich der Erfolg nicht verhindern. Das Unternehmen zählt heute zu den größten und besten Kaffeeröstern der Welt.

Das zweite Gespräch führte ich mit einem Metzger. Ja, mit einem Metzger, der nach dem Krieg die Fleischerei seiner Eltern in einer norddeutschen Stadt übernahm. Er liebte Steaks über alles. Er wollte diese Liebe teilen und es möglichst vielen Menschen ermöglichen, die besten Steaks der Welt zu bezahlbaren Preisen zu genießen. Das war sein Thema. Er arbeitete stetig daran. Innovationen einführen, aus Fehlern lernen und das Ziel nicht aus dem Auge zu verlieren, das war seine Arbeitsweise. Heute zählen zu diesem Unternehmen zahlreiche Restaurants in Norddeutschland, und die Produkte sind in vielen guten Lebensmittelmärkten gelistet. Der Name des Unternehmens steht für ausgezeichnete Qualität und höchsten Genuss.

Das dritte Gespräch schließlich führte ich mit einem meiner ehemaligen Arbeitgeber. Ein Mann, der ein kleines Geschäft seiner Eltern übernommen hat. Er hatte Visionen, aber er war auch unglaublich fleißig. So hat er mit seinem Fleiß und Ehrgeiz den kleinen Einzelhandelsladen seiner Eltern zu einem Weltkonzern ausgebaut. Er zählt zu den Reichsten in Deutschland, macht sich aber nicht viel aus dem, was er hat. Ganz im Gegenteil. Er arbeitet mittlerweile nicht mehr im Tagesgeschäft mit, aber doch im Hintergrund am Erfolg und der Weiterentwicklung des Unternehmens.

In diesen drei Gesprächen habe ich Menschen kennengelernt, die ihren Erfolg aus eigener Kraft und Motivation erarbeitet haben. Und in allen drei Gesprächen habe ich gelernt, dass die Jagd nach Geld oder nach dem sofortigen finanziellen Erfolg wenig gewinnbringend und ermüdend ist. Sie haben ihren Erfolg in ihrer Vision begründet und alles dafür gegeben, diese zu realisieren.

Nun wird nicht jeder die Möglichkeit haben, aus kleinen Unternehmen Weltkonzerne zu schaffen. Aber dennoch lassen sich die Ergebnisse der drei Gespräche auch auf den einzelnen Vertriebsmitarbeiter übertragen. Gerade im B2B-Vertrieb, wo man es mit Unternehmern zu tun hat, könnten die Erkenntnisse entscheidend dazu beitragen, die Arbeit schneller, effizienter und auch mit mehr Spaß erledigen zu können. Mit der richtigen Motivation mutiert die Arbeit zu einem Erlebnis und wird nicht mehr als Last empfunden.

Es ist ermüdend, jeden Tag im Büro zu sein, um am Bildschirm seine Vertriebsarbeit zu erledigen und zu dokumentieren. Und doch ist es genau das, womit Max sich überwiegend beschäftigt. Manchmal klagt er sogar darüber, dass er gar keine Zeit hat, um sich ins Auto zu setzen und zum Kunden zu fahren. Allein die Pflege seiner Profile auf den Businessplattformen nimmt viel Zeit in Anspruch. Aber er schafft es immer wieder, seine Vertriebsziele zu erreichen und den Umsatz zu generieren, der ihm vorgegeben wird. Bei Vertriebsmeetings, bei denen die Ergebnisse der einzelnen Kollegen verglichen werden, ist er stets einer von denen, die sich im oberen Drittel befinden. In einem Punkt ist er aber allen voraus. Er hat mit Abstand die meisten Kontakte und Opportunitys vorzuweisen. Er ist sozusagen Mittelmaß. Wenn er gefragt wird, warum er daraus nicht mehr Umsatz generieren kann, findet er viele gute Argumente, die es nicht ermöglichen. Für die Kollegen aus dem Vertriebscontrolling ist Max einer der besten Mitarbeiter. Das CRM ist stets sauber gepflegt und die Vertriebsnebenkosten wie Reisekosten, Kfz- und Übernachtungskosten sind im unteren Bereich.

Max ist auch ein Vorbild für viele Kollegen. Keiner nimmt so häufig an Vertriebsschulungen, Trainings und Weiterbildungsmaßnahmen teil wie er. Und er lernt daraus und versucht, das Gelernte auch in seine Arbeitsweise zu integrieren. Er lebt die Firmen-CI wie kein anderer. Verkaufsrhetorik beherrscht er aus dem Effeff, und so gehört er zu den Mitarbeitern, die immer wieder die Aufgabe haben, neue Kollegen einzuarbeiten. Und diese Aktivität ist wiederum ein Argument dafür, dass er eben nicht so viele Außendiensttermine wahrnehmen kann.

Wenn man in sein Vertriebsgebiet fährt und sich dort mit möglichen Kunden unterhält, stellt man jedoch fest, dass es fast niemanden gibt, der Max persönlich kennt. Nur wenige wissen, wer er ist. Es gibt so gut wie keine persönlichen Kontakte, geschweige denn Episoden, die er mit Kunden erlebt haben könnte. Max ist für viele der Mann der vielen Mails und Briefe.

Während Max seine Datenbanken pflegt, sitzt Moritz im Auto, telefoniert mit seinen Kunden oder deren Beratern, Planern oder Dienstleistern, trifft sich mit den Menschen vor Ort und spricht mit ihnen über deren Projekte, sucht nach neuen Möglichkeiten, Kunden und Projekte zu generieren, für die er schnell und effektiv seine Dienste anbietet. Er kennt die meisten seiner Kunden, ist dort gern gesehen, weil er sich im Metier der Unternehmen auskennt und oftmals gute Ratschläge oder Empfehlungen geben kann. Wie oft ist es schon vorgekommen, dass er seinen Kunden helfen konnte, indem er Kontakte hergestellt hat oder Menschen miteinander bekanntgemacht hat.

Er hat stets die Interessen seines Unternehmens im Blick.

Obwohl sein Arbeitgeber nur ein eher kleines Unternehmen in der Branche ist, wickelt es im Verkaufsgebiet von Moritz die meisten Projekte ab. Moritz hat die Vision, seinen Kunden bei deren Problemlösungen zu helfen. Er sieht sich eher als Einkaufsberater und nicht als Verkäufer. Deshalb verzichtet er auch gern auf die Verkaufsrhetorik, die ihm in Trainings oder Mitarbeitergesprächen von seinem Vorgesetzten vermittelt wird. Bei den Vertriebsmeetings ist er immer wieder derjenige, der bei Umsatz und Ertrag in den Projekten im Vergleich zu seinen Kollegen ganz oben steht. Und dabei legt er gar keinen Wert darauf, wenngleich er sich darüber natürlich freut.

In der letzten Kundenzufriedenheitsanalyse, die sein Unternehmen durchgeführt hat, hat er überdurchschnittlich abgeschnitten. Die Berater, die die Kunden interviewt haben, stellten in der Präsentation vor der Geschäftsführung die herausragenden Ergebnisse vor. Das führte dazu, dass er zu einem Mitarbeitergespräch eingeladen wurde, in dem er erklären sollte, wie es zu diesen Ergebnissen kam. Er tat sich damit schwer. Er erklärte dann, dass er sich, auch wenn er im Auftrag seines Arbeitgebers unterwegs ist, doch immer als Partner und Berater seines Kunden sieht und dessen Bedürfnisse in den Mittelpunkt des Interesses stellt. Und angepasst an diese Interessen würde er Angebote erstellen und so in den meisten Fällen erfolgreich seine Produkte platzieren.

Moritz wäre ein guter Unternehmer. Denn er berechnet stets den Aufwand seiner Aktivitäten und setzt sie in Relation zum Angebotspreis. Wenn es nicht rentabel ist, dann ist er so offen und ehrlich und sagt dem Kunden, dass er aufgrund der besonderen Konstellation nicht in der Lage ist, ein für beide Seiten wirtschaftliches Angebot abzugeben. Seine Kunden schätzen diese ehrliche, direkte Arbeitsweise und kommen daher immer wieder mit neuen Projekten auf ihn zu. Sein Netzwerk funktioniert. Er hat die Vision: zufriedene Kunden und einen guten, wirtschaftlichen Umsatz für das Unternehmen.

Nun kommt ein noch viel spannenderer Punkt: Das Einkommen der beiden Verkäufer. Das Unternehmen, für das Max unterwegs ist, ist Branchenprimus, Marktführer und zahlt seinen Mitarbeitern ein in der Branche unüblich hohes Grundgehalt und darüber hinaus auch noch hohe Umsatzbeteiligungen und Prämien. Das Unternehmen, für das Moritz arbeitet, ist mit Grundgehalt und Prämien eher am unteren Ende der Branche zu finden. Und dennoch, wenn man das absolute Jahresgehalt der beiden miteinander vergleicht, hat Moritz ein deutlich höheres Einkommen. Und dazu hat er auch noch Spaß und Freude an der Arbeit, ist viel unterwegs, sieht viel und lernt viele Menschen kennen, hat Beziehungen und mit seinen Kunden auch so manches schöne Erlebnis. Denn er wird von seinen Kunden oft eingeladen, wenn Projekte erfolgreich abgeschlossen werden. Und genau dort bekommt er wieder Empfehlungen, neue Kontakte, neue Projekte. In seinem Verkaufsgebiet ist sein Unternehmen Branchenprimus.

FAZIT DES TAGES: Was immer Sie machen, jagen Sie nicht dem Geld hinterher. Arbeiten Sie an Ihrem Erfolg, verwirklichen Sie Ihre Vision – und das Geld kommt automatisch hinterher. Jeder Unternehmer, der langfristig und nachhaltig erfolgreich ist, wird das bestätigen.

UND PLÖTZLICH IST ALLES ANDERS

Wir leben in einer sehr dynamischen Zeit. Innerhalb kürzester Zeit hat die Welt sich gravierend verändert. Und mit der Welt haben sich die Menschen und die Gesellschaft gewandelt. Das hat natürlich auch Auswirkungen auf die Arbeit. Der Vertrieb ist davon in besonderem Maße betroffen. Jeder, der im Außendienst arbeitet und innerhalb verschiedener Netzwerken agiert, sieht sich besonderen Herausforderungen gegenüber. Denn das, was gestern aktuell war, ist es heute nicht mehr und wird morgen vielleicht wieder aktuell werden oder auch nicht.

Und dennoch geht es weiter, muss es weitergehen. Wir leben in einer Zeit, in der wir Dinge erleben, für die es keine Regeln gibt, weil sie eben noch nie nötig waren. Erfolgreiche Menschen können damit umgehen. Andere nicht. Bis vor kurzem war es völlig normal, dass wir uns treffen, zusammen essen oder Kaffee trinken und uns dabei austauschen. In diesen Treffen zählten nicht nur das gesprochene Wort, sondern auch die nonverbale Sprache, die Körperhaltung, die Mimik und die Gestik. Das Zusammenspiel dieser Faktoren war ausschlaggebend, ob jemand als authentisch wahrgenommen wird oder nicht.

Viele Informationen wurden in diesen Gesprächen weitergegeben und ausgetauscht. Erfahrene Außendienstmitarbeiter im Vertrieb haben diese Meetings sehr gut vorbereitet und ausgiebig wahrgenommen. Vielleicht waren sie deshalb so erfolgreich, insbesondere, wenn es um größere Projekte oder besondere Dienstleistungen ging. Und nun, quasi von einen Tag auf den anderen, ist dieser Weg des Informationsaustausches durch die Covid-19-Pandemie abgeschnitten oder nur sehr eingeschränkt möglich.

Viele Betriebe haben sich mehr oder weniger eingeigelt und abgeschottet, Besuch von außen wird nur in seltenen Fällen und wenn es wirklich wichtig ist, empfangen. An die Stelle der Besuche vor Ort oder die gemeinsamen Essen sind nun Telefonate oder Videokonferenzen getreten. Aber auch da gibt es vielerlei Herausforderungen. So einfach, wie es sich anhört, ist das nämlich gar nicht.

Wie geht man nun damit um? Was machen Max und Moritz? Auch die beiden wurden von der Situation völlig überrascht. Für Max war das eigentlich gar kein so großes Problem. Er hat sich relativ leicht umgestellt und war nun noch mehr im Büro. Er hat sich eingehend mit den Anweisungen seines Arbeitgebers befasst und seine Arbeitsweise umgestellt. Die Vorgaben seitens der IT-Administration im Unternehmen hat er genau befolgt und nutzt ausschließlich die von der Firma vorgegebenen Systeme. Statt den Kunden zu besuchen, ruft er nun einfach an. Das funktioniert auch ganz gut. Nach etwas mehr als einem halben Jahr stellt er fest, dass die Umsatzzahlen im Plan sind und somit ist er zufrieden.

Moritz wurde zu Beginn der Pandemie gebremst. Gerade war er noch auf einem Verbandstag und hatte dort einige interessante Menschen kennengelernt, sich mit einigen Kunden ausgetauscht und neue oder laufende Projekte besprochen. Die Nachrichten über Covid-19 waren auch Gesprächsthema. Ja, man konnte schon spüren, dass sich da einiges verändern würde. Dennoch waren die Referenten und Teilnehmer am Kongress sehr optimistisch. Man erwartete ein gutes Jahr und sah vertrauensvoll in die Zukunft.

Nur wenige Tage nach diesem Kongress überschlugen sich die Nachrichten und alle Pläne wurden ausgebremst. In eilig anberaumten Meetings wurde innerhalb des Unternehmens diskutiert, wie man reagieren sollte und was vernünftig ist. Klar war, dass Besuche von Fachveranstaltungen erst mal vom Tisch sind. Aber das war nicht das Problem, denn die Veranstaltungen wurden einfach abgesagt oder verschoben. Krisenpläne wurden entwickelt, denn nun hatten ganz andere Faktoren höchste Priorität. Zugesagte und fest vereinbarte Liefertermine an die Kunden sollten unbedingt eingehalten und sichergestellt werden.

Moritz engagierte sich innerhalb der Firma, arbeitete im Krisenstab mit und betreute weiter seine Kunden. Er beschäftigte sich intensiv mit verschiedenen Medien, die eine digitale Kommunikation möglich machen sollten. Seine Vorschläge, ein neues Videokonferenzsystem zu organisieren und im Unternehmen zu implizieren, wurden schnell angenommen und umgesetzt. Auch wenn zu diesem Zeitpunkt noch fast alle davon ausgingen, dass sich die Situation schnell ändern würde, plante er längerfristig. Schon kurz nach dem Shutdown lud er seine Kunden zu einem Videomeeting ein, in dem die Geschäftsleitung den Kunden die Situation und die Maßnahmen des Unternehmens zur Sicherung der Lieferfähigkeit erklären sollte. Die Kunden reagierten dankbar und nahmen fast vollzählig an der Konferenz teil.

Gemeinsam mit den Kunden wurden Maßnahmen entwickelt, die die Sicherheit der Mitarbeiter beim Kunden und auch beim Lieferanten und Spediteuren sicherstellen sollten. Moritz agierte vorsichtig, und wo immer es möglich war, sprach er direkt mit den Kunden und deren Mitarbeitern über die Lösungen. Alle Maßnahmen führten dazu, dass es nur in ganz wenigen Fällen zu Verzögerungen kam und so die Projekte der Kunden weiterlaufen konnten. Selbst als die ersten Lockerungen begannen, ließ Moritz nicht nach und blieb in engen, digitalen Kontakt mit den Kunden und Partnern. Langsam wurde klar, dass es keine Frage von wenigen Wochen sein würde, sondern die Situation noch lange, vielleicht viele Monate anhalten würde.

Während viele Wettbewerber ihre Produktion in Erwartung
schlechterer Absätze drosselten, arbeitete das Unternehmen weiter im Normalbetrieb. Für einzelne Sparten wurden
sogar Produktionssteigerungen eingeplant. Die Sicherheits-
maßnahmen, die getroffen werden mussten, führten letztendlich sogar zu einer besseren Qualität. Bei allen größeren
Lieferungen vergewisserte sich Moritz mit seinen Kollegen
vom Innendienst persönlich, ob alles geklappt hat und wie
die Lieferung angekommen ist.

Max hingegen war nicht sonderlich überrascht, als sein
Unternehmen kurz nach dem Beginn der Krise in Kurzar-
beit ging. Kundenbeschwerden häuften sich, da Lieferungen
nicht ankamen oder unvollständig waren. Max nahm die
Beschwerden entgegen und leitete sie an die entsprechenden
Stabsstellen im Unternehmen weiter. Den Eingang der Beschwerden bestätigte er per Mail und versicherte den Kunden, dass alles getan werde, um die Beschwerdegründe ab-
zustellen. Da in den Arbeitsrichtlinien und Prozessbeschreibungen ein Rückruf beim Kunden nicht vorgesehen war, un-
terblieb dieser Anruf.

Wider aller Erwartungen blieben die Bestellungen der
Kunden aber auf hohem Niveau, und wo immer es ging,
wurde auch schnell und zügig ausgeliefert. Und da, wo es
nicht funktionierte, wurde der Kunde vertröstet, indem man
ihm per Mail versicherte, dass alles getan werde, um die Bestellungen zügig abzuarbeiten. Dennoch kamen immer häufiger auch Stornierungen an, die in der Beschwerdeabteilung
bearbeitet wurden. Kunden, die dringend auf ihre Lieferungen warteten, wurden wie üblich standardgemäß informiert.

All das blieb Moritz nicht verborgen, denn er saß nun
viele Stunden vor seinem Rechner und in Videocalls mit den

Kunden. Zu seiner Freude stellte er fest, dass viele seiner Kontakte, die er in den vergangenen Jahren kennengelernt hat, nun plötzlich doch seine Kunden wurden und Aufträge bei seinem Unternehmen platzierten, obwohl sie fest mit dem Wettbewerber verbunden waren. Langsam wurde die digitale Kommunikation zur Gewohnheit. Wann immer es ging, nahm er die Einladung von Verbänden zu digitalen Veranstaltungen an und kommunizierte mit den Veranstaltern. Er bereitete eigene Vorträge für Onlineveranstaltungen mit verschiedenen Fachthemen vor und bot diese an.

Und trotzdem versuchte er, seine Kunden und Partner zu treffen, wenn diese es zuließen oder selbst wünschten. Er sah die Entwicklung als neue Chance, mit Menschen in Kontakt zu treten, ohne sie persönlich zu treffen. In seinem Homeoffice richtete er sich so ein, dass die Kunden, die ihn per Video sahen, ihn in einem professionellen Hintergrund sahen, aber dennoch merkten, dass sie als Menschen und Persönlichkeit angenommen wurden.

Seine Bestandskunden wurden genauso gut betreut wie Neukunden, die nun immer zahlreicher wurden und das Unternehmen vor neue Herausforderungen stellten. Die Produktion musste weiter hochgefahren werden, um alle Kundenwünsche zu erfüllen. Die Projektingenieure, die sich am Anfang mit der »neuen Kommunikation« schwertaten, fühlten sich aufgehoben, und im Unternehmen zogen alle an einem Strang.

Max hatte nun plötzlich ganz andere Probleme, mit denen er sich beschäftigen musste. In einem leicht rückgängigen Markt verlor das Unternehmen zusehends an Marktanteilen, während Wettbewerber zulegten. An den Produkten lag es mit Sicherheit nicht. Das ergab die letzte Kundenzufriedenheitsbefragung und auch die Rücklaufquote von defekten Waren, die praktisch gleich Null war.

Was ist die Ursache? Max findet viele Antworten, die aber allesamt nicht passen. Denn die einzig richtige Antwort würde er finden, wenn er selbstkritisch in den Spiegel schauen würde.

FAZIT: In einer herausfordernden Zeit hängt der Erfolg wesentlich davon ab, wie man mit den Herausforderungen umgeht. Die Antworten auf die Fragen findet man nicht in der Vergangenheit, sondern nur in der Gegenwart und der Zukunft. Das bedeutet aber auch, dass man flexibel, optimistisch und selbstkritisch sein sollte.

NEUE WEGE GEHEN – POTENZIALE ENTDECKEN

In der täglichen Arbeit passiert es oft, dass man sich in seinem »Hamsterrad« verfängt und sich dreht und dreht und dreht, ohne wirklich voranzukommen. Und in genau diesem Hamsterrad hat Max sich mittlerweile verfangen. Er ist durchaus erfolgreich, aber immer häufiger stellt er fest, dass dieser Erfolg nur ein scheinbarer Erfolg ist. Immer häufiger merkt er, dass er nur ein Verwalter seines Erfolges und des Erfolges seines Arbeitgebers ist. Und wenn er sich so in seiner Branche umschaut, was dort so los ist, dann beschleicht ihn ein unangenehmes Gefühl. Sein Arbeitgeber ist Marktführer und die Produkte sind einem sehr breiten Publikum bekannt. Aber der Kuchen, an dem alle in der Branche knabbern, wird kleiner, der Markt enger. Und immer häufiger verliert er Kunden und Aufträge an seine Wettbewerber.

Da passt es perfekt, dass die Firmenleitung eine große Videokonferenz mit allen Mitarbeitern organisiert, in der es um zukünftige Strategien und um Antworten des Unternehmens auf Fragen des Marktes gehen soll. Er nimmt sich einige Tage Auszeit, um sich auf dieses Meeting vorzubereiten. Denn auch er soll seinen Beitrag in diesem Meeting leisten und über die Herausforderungen und Probleme im Vertrieb berichten und sich darüber Gedanken machen, wie man adäquate Antworten finden kann. Und so setzt er sich hin und recherchiert, was sich in den letzten Jahren so getan hat.

Er denkt über die Veranstaltungen nach, die er, aus seiner Sicht gesehen, besuchen musste und analysiert die Ergebnisse. Und immer wieder, wenn er sich so einzelne Szenen in Erinnerung ruft, fragt er sich, ob er denn auch richtig agiert hat. Er analysiert anhand der vorhandenen Daten die Umsätze bei seinen Kunden und stellt fest, dass es einen scheinbar direkten Zusammenhang zwischen Umsatz- und Kundenverlusten und den einzelnen Veranstaltungen gab.

Da fällt ihm dieser Thomas ein, der Vorstand eines großen Unternehmens ist und der ihn bei einem Verbandstag angesprochen hat. Und der dann kurz darauf bei einem Wettbewerber gekauft hat. So geht er Kunde um Kunde durch, und immer wieder fällt ihm auf, dass es Zusammenhänge zwischen den Treffen und den Ergebnissen danach gibt. Je weiter er in die Zahlen eindringt, desto klarer wird ihm das. Und er stellt fest, dass die Kunden zu diesem kleinen Unternehmen gewechselt sind, wo dieser Moritz arbeitet. Allein der Gedanke an diesen »Kollegen« ist ihm unangenehm. Wie kann man nur so unkonventionell agieren, hat er sich immer wieder gefragt. Oft genug hat er über ihn gelästert, weil er so »einfach gestrickt« ist.

Jetzt, wo er sich mit seinen »Erfolgen« beschäftigen muss, wird ihm klar, dass dieser Moritz vielleicht gar nicht so einfach gestrickt ist, sondern im Gegenteil ganz schön clever. Es ist ihm unangenehm, aber er muss sich eingestehen, dass oft genug die Fehler, die zu einem Kundenverlust geführt haben, bei ihm lagen. Was sollte er tun? Zunächst denkt er sich, dass er ja gar nichts falsch gemacht hat, denn er hat sich immer streng an die Strategie und die Regeln der Firma gehalten. Er hat die Prozesse immer genau eingehalten. Er denkt: Ich kann ja gar nichts dafür, denn ich mache genau das, was von mir erwartet wird. Mit dieser Erkenntnis schließt er mal wieder einen Arbeitstag und macht sich auf den Weg nach Hause.

Das Wetter passt wie die Faust aufs Auge genau zu seiner Stimmung. Es ist dunkel, trüb und kalt. Und dann noch dieser blöde Stau. Nichts geht mehr. Verärgert zieht er sein

Handy aus der Tasche und schaut in sein Facebook-Profil. Und er scrollt durch seine Timeline, als ihn ein Eintrag von Moritz, dem er seit einiger Zeit folgt, auffällt. Der hat nämlich ein Posting eines Unternehmenscoaches geteilt. Während er den Text liest, hellt sich seine Stimmung auf. DAS könnte eine Lösung für die momentane Situation sein. In diesem Moment löst sich der Stau auf und es geht weiter – nach Hause. Dort angekommen, begrüßt er seine Familie und geht gleich in sein Büro und startet seinen Rechner.

Er schaut sich noch einmal genau an, was er heute so alles aufgeschrieben und analysiert hat. Und nun weiß er, dass er nichts ändern kann, wenn er nur die Ergebnisse seiner Recherchen präsentiert. Ganz im Gegenteil, das könnte für ihn und seinen Arbeitsplatz gefährlich werden. Was soll ich nun tun? Später am Abend, als die Kinder schon schlafen, sitzt er mit seiner Frau im Wohnzimmer und sie schauen sich einen Film an. Er findet keine Ruhe. Und dann schlägt er vor, den Fernseher auszumachen und zu reden.

Lange noch sitzen die beiden im Wohnzimmer und reden. Er berichtet von den Problemen, von den Gefühlen, die er in der letzten Zeit hat, wenn er zur Arbeit geht; er berichtet von dem Frust, den er manchmal hat und darüber, dass er sich eingeengt und gefangen fühlt im Hamsterrad des Vertriebes und des Nicht-Weiterkommens. Und er erzählt seiner Frau, wie er über diesen seltsamen Moritz denkt und was er heute so gefunden hat. Es ist ein offenes, vertrautes Gespräch und später, als sie zu Bett gehen, ist er dankbar dafür, dass seine Frau ihm zugehört hat. Auch wenn er noch keine Lösung hat, es fühlt sich besser an.

Am nächsten Morgen ist er früher als gewöhnlich im Büro. Seine Assistentin schaut ihn verwundert an, als er sie bittet, mit ihm in einen der Besprechungsräume zu gehen. Und dann berichtet er ihr, was er in den letzten Tagen recherchiert hat und zu welchen Erkenntnissen er gelangt ist. Und beide sind der Meinung, dass sie ihre Jobs gefährden, wenn sie nur die nüchternen Zahlen, Daten, Fakten berücksichtigen. Lange diskutieren sie darüber, wie der Bericht aussehen sollte. Aber je mehr sie beratschlagen, desto mehr wird ihnen klar, dass es kein Erfolgsbericht sein wird, den Max da vortragen kann. Und so beschließen sie, einfach mal ihre Zahlen mit den Zahlen in anderen Vertriebsregionen zu vergleichen.

Es dauert eine ganze Weile, bis die Ergebnisse vorliegen – sie sind erschreckend. Max ist mit seiner Strategie im Vergleich zu anderen Regionen noch sehr erfolgreich. In anderen Gebieten sieht es noch trüber aus. Auch wenn er es nicht glauben mag, Max wird nun klar, dass sich grundsätzlich etwas ändern muss. Oder dass er sich verändern muss. Er möchte wie dieser Moritz, der irgendwie immer aussieht, als ob er Spaß an der Arbeit hat, sein. Und so beschäftigt er sich nun damit, eine Lösung zu finden und nicht mehr damit, wie er seine Ergebnisse rechtfertigen kann. Schnell wird ihm klar, dass er zwar einige Antworten gefunden hat, aber dass er die wirklich wichtigen Fragen noch gar nicht gefunden hat.

> »Mit gemischten Gefühlen und auch etwas Aufregung beginnt das Coaching für Max.«

Und so ruft er diesen Unternehmenscoach an, einfach so, aus einem Gefühl heraus, und ohne eine klare Fragestellung zu haben. Zu seinem Erstaunen hat er gleich auch den richtigen Ansprechpartner am Telefon und versucht sein Dilemma zu erklären. Er redet und redet und kommt irgendwie nicht weiter. Der Coach schlägt ein Treffen in seinem Büro vor, Max willigt ein. Kurz darauf sitzen sich die beiden gegenüber und nun sprudelt es aus Max nur so raus. Er schildert, was ihn bedrückt und gesteht offen ein, dass er keine Lösung hat.

Und fragt um Rat. »Tja, das ist sicherlich gerade schwierig für Sie«, sagt der Coach, »aber nicht unlösbar. Worum geht es Ihnen denn wirklich?« Das weiß Max so genau noch gar nicht. Im Grunde möchte er leichter erfolgreich sein und sich dabei gut fühlen. So richtig hat er noch keine Antwort. Der Coach schlägt vor, dies in einem Coaching herauszufinden, um mehr Klarheit zu gewinnen. Und so vereinbaren sie einen neuen Termin. Noch nicht wirklich zufrieden, aber doch mit Zuversicht, seine Ungewissheit vielleicht lösen zu können, fährt Max nach Hause. Er berichtet am Abend seiner Frau von dem Gespräch. Beide sind gespannt, wie es weitergeht.

Es ist der Tag gekommen, an dem Max das Coaching hat. Er brauchte sich nicht weiter vorzubereiten. Mit gemischten Gefühlen und auch etwas Aufregung beginnt das Coaching. Der Coach fragt Max nach seinen bisherigen Coaching-Erfahrungen und wie seine aktuelle Lage sei. Er erklärt, dass die Anzahl der Coachings sich an Max' Bedürfnissen orientieren und die Dauer, je nach Anliegen, zwei bis vier Stunden dauern kann. Auch ist es möglich, zwischen den Coachingsitzungen telefonisch Begleitung zu erhalten. Er kann seine Fragen stellen und begibt sich auf eine interessante Reise zu sich selbst. Mit Hilfe verschiedener interessanter Methoden bringt der Coach Max dahin, eine Lösung zu finden und mehr Klarheit zu erhalten. Er lernt viel über sich, aber auch über bisherige und zukünftige psychologische Interaktionen. Der eine oder andere Aha-Moment bringt Max richtig ins Nachdenken. So wird ihm bewusst, dass er mit seinem bisherigen Verhalten natürlich nur mit viel Kraft und Anstrengung dahin gekommen ist, wo er sich heute befindet. Schließlich erarbeitet er sich neue Lösungsstrategien und Handlungsoptionen für den Alltag, um bisher noch nicht genutzte Potenziale freizusetzen. Es kostet Max erst mal Zeit und Kraft, neue Wege auszuprobieren und mit den neuen Reaktionen seiner Umwelt umzugehen. Das hat ihm der Coach bereits angekündigt.

Einige Zeit vergeht, ehe er sich mit seiner Assistentin zusammensetzt und sie sich beratschlagen, wie neue Ideen, die Max entwickelt hat, im Alltag gemeinsam umgesetzt werden können. Zufrieden geht er aus dem Gespräch, denn nun weiß er, wie er im Meeting agieren wird.

Eine aufregende Zeit beginnt. In vielen Gesprächen, Meetings, Trainings und Analysen lernt Max vieles über sich selbst, über Netzwerke, über erfolgsorientiertes Netzwerken und wie man Kunden in diesen Zeiten mitnimmt und überzeugt. Er lernt, dass Menschen unterschiedlich sind und wie man diese Unterschiede erkennen und damit umgehen kann. Und er erfährt viel über Netzwerke und wie sie wirklich funktionieren. Je tiefer er in das Thema eintaucht, desto mehr Spaß und Freude hat er daran. Spannend findet er, dass der Coach in der ganzen Zeit der Zusammenarbeit immer nur Fragen stellt, manchmal kleine Impulse gibt, aber kaum einen Ratschlag gegeben hat. Er überlässt es ihm selbst, seine Schlüsse aus dem Gelernten zu ziehen und umzusetzen.

Das Leben und die Rahmenbedingungen verändern sich. Manchmal sehr radikal wie zum Beispiel mit dem Beginn der Pandemie im März 2020. Aber die meisten Veränderungen passieren schleichend, langsam. Daher ist eine regelmäßige, kritische Selbstüberprüfung, oder wie Jana sagt, ein Selbstcoaching unbedingt nötig.

jana jeske COACHING
Potenziale entfalten

Wirkprozesse im Coachingprozess – Potenziale entfalten mit Leichtigkeit und Spaß

Was ist Coaching eigentlich genau und wie kann es wirken? Als Businesscoach für Karriere- und Unternehmenskulturentwicklung wurde mir des Öfteren schon die Frage gestellt: Braucht es denn überhaupt ein Coaching? Wozu soll das gut sein? Es geht doch auch so. Dann antworte ich: Stimmt, es geht auch so. Es dauert nur etwas länger. Ohne Coaching dauert es vielleicht fünf oder acht Jahre, um eine Lösung zu finden, mit gelingt es vielleicht in fünf oder acht Monaten. Es kostet nicht so viel Kraft, und man erspart sich Leid. Mehr sogar: Mit einem guten Coaching macht es richtig Spaß, sich weiterzuentwickeln! Manchmal hilft es auch, frühzeitig Probleme oder Herausforderungen zu erkennen und rechtzeitig entsprechende Wege einzuschlagen. Es schafft also Unbewusstes ins Bewusstsein! Denken Sie sich mal 20 Jahre zurück. Möchten Sie ein solches Bewusstsein wie damals heute noch haben? Warum nicht? Genau, weil Sie heute ein Vielfaches mehr an Handlungskompetenz besitzen als damals.

Ursprünglich ist der Begriff Coaching den meisten aus dem Sport bekannt. Hier wird weit über eine reine Verbesserung der körperlichen Leistungsfähigkeit hinaus mit psychologisch fundierten Trainingsmethoden gearbeitet. In der weiteren Entwicklung hat sich Coaching erfolgreich in der Führung von Organisationen etabliert. Es findet Anwendung durch die Erweiterung des personen- und entwicklungsorientierten Führungsstils, um so den Mitarbeitern zu einer verbesserten Leistungsfähigkeit und persönlichen Weiterentwicklung zu verhelfen. Coaching wird heute oft als Begleitungsprozess für Manager und Führungskräfte in Organisationen in Form von externem Coaching eingesetzt. Es dient hierbei unter anderem der Entwicklung geeigneter Führungs- und Problemlösungsstrategien sowie der Zielreflexion und -erreichung. Es unterstützt die Problemlösungskompetenzen und erhöht die Flexibilität für neue Situationen. Es dient aber auch außerberuflich zur Klärung der persönlichen Motivation und Entwicklung der beruflichen Karriere sowie zur Erhaltung der Gesundheit, Leistungsfähigkeit und Work-Life-Balance.

Coaching stellt eine individuelle Begleitung auf Prozessebene dar, d. h. der unabhängige Coach gibt keine Lösungsvorschläge vor. Er erwirkt durch aktive Gesprächsführung und motivierende Zuversicht, dass der Klient die für sich optimalen und stimmigen Lösungswege selbst findet. Es werden keine manipulativen Techniken eingesetzt, es wirken transparente Interventionen. Deswegen war Max auch so überrascht, dass der Coach fast keine Ratschläge gab, sondern vielmehr Fragen stellte.

Coaching erfolgt über mehrere Sitzungen und ist zeitlich befristet. Ziel ist es, Hilfe zur Selbsthilfe zu geben und damit die Selbstmanagementfähigkeiten zu erhöhen, sodass der Klient nach Abschluss des Coachingprozesses in der Lage ist, die neu erschlossenen Kompetenzen selbstständig, flexibel und situativ in die Praxis zu transferieren.

Was ist Coaching nicht? Coaching ist keine Therapie. Eine Therapie ist eine Maßnahme zur Behandlung einer Krankheit aufgrund einer Diagnose mit dem Ziel der Heilung. Ziel einer Therapie ist die Wiederherstellung der körperlichen und/oder psychischen Funktion und gleichzeitig der Aufbau der Selbststeuerungsfähigkeit. Handelt ein Mensch unbewusst danach, ein unbefriedigtes Bedürfnis zu kompensieren, kann dies dazu führen, dass er nicht selbststeuerungsfähig ist. Voraussetzung für ein Coaching hingegen ist eine vorhandene Selbststeuerungsfähigkeit. Diese ist vorhanden, sofern ein Mensch selbstständig in der Lage ist, seine Handlungen bewusst zu steuern. Das ist wichtig. Im Coaching erforschen wir also vielmehr Ressourcen, um bisher nicht genutzte Kompetenzen proaktiv nutzen zu können. Insofern schließt eine Therapie ein paralleles Coaching grundsätzlich nicht aus, ist hiervon aber klar abzugrenzen in seiner Art und Wirkungsweise. Coaching ist auch keine Beratung und bedeutet nicht, einen Weg zum Ziel zu raten. Coaching bedeutet, dass sich Klienten mit Unterstützung auf ein Ziel fokussieren und der Coach sie auf dem Weg dorthin begleitet. Die optimale Lösung eines Anliegens kann am besten derjenige herbeiführen, der die Situation kennt – nämlich der Klient selbst. Dabei kann es stellenweise dennoch hilfreich sein, als Coach einen Expertenrat anzubieten – sofern die Fachkompetenz beim Coach vorhanden ist und es dem Coachingprozess dient.

Was braucht ein erfolgreicher Coachingprozess? Es bedarf einiger Grundvoraussetzungen.

- Elementar ist das beidseitiges *Vertrauen und die Wertschätzung und Freiwilligkeit* des Klienten. Ohne diese Grundvoraussetzungen ist jeder Coachingprozess wirkungslos.
- Der Klient muss über *Selbststeuerungsfähigkeit* verfügen.
- Es ist wichtig, dass der *Klient den Sinn erkennt*, eine Veränderung herbeiführen zu wollen. Dafür muss das Ziel noch gar nicht klar sein. Vielmehr genügt die Tatsache bzw. das unbewusste Gefühl, dass es so nicht weitergehen kann.
- Der Klient muss *Vertrauen in die eigene Selbstwirksamkeit* haben, um an der Situation durch die eigene Einstellung und das eigene Verhalten etwas verändern zu können.
- Es braucht *Neugier oder Offenheit* zur eigenen Weiterentwicklung.

- Darüber hinaus braucht es *Vertraulichkeit und Wertfreiheit* im Coaching. Also ein Umfeld, in dem der Klient als individueller Mensch wahrgenommen wird. Denn jeder Mensch hat einen Grund für das, was er tut. Jeder Mensch ist anders und das ist gut so.

Warum konnte Max nun einen spannenden Weg beginnen? Er hatte Vertrauen in den Unternehmenscoach, er war bereit sich zu öffnen. Und er war so selbstfair sich einzugestehen, dass es so nicht weitergehen konnte und nahm den Kontakt auf. Er wollte also aus freien Stücken eine Reise beginnen – zu sich selbst und zu mehr Erfolg. Wer sich schon frühzeitig als Teil eines komplexen sozialen Systems versteht, dem gelingt es besser, eine positive Grundhaltung einzunehmen. Schließlich kann nur jeder für sich seinen Teil zum System beitragen und sollte sich bewusst sein, dass es nicht Ziel ist, die Menschen um sich herum zu verändern.

Was macht man nun genau im Coaching? Im Coaching erarbeitet der Klient die für ihn passenden Lösungen mit Unterstützung des Coaches. Der Coach begleitet diesen systemischen Prozess durch zielführende Fragen und authentisches Reflektieren, oftmals einhergehend sind emotionale Impulse. Dadurch wird Bewusstsein geschaffen und neue Perspektiven werden eröffnet. So kann die Energie in positive Kraft umgesetzt werden, aus der sich wie selbstverständlich neue Wege erschließen.

Die Anliegen können vielfältiger Art sein, etwa wiederkehrende Konflikte im beruflichen Umfeld oder individuelle persönliche Herausforderungen. Ebenso kann in einer bevorstehenden neuen Situation Coaching eine überaus sinnvolle Begleitung sein. Coaching kann auch eigens zur persönlichen Weiterentwicklung genutzt werden, um zum Beispiel konstruktiver, lebendiger, mit mehr Nähe oder auch mit mehr Distanz zu arbeiten, seine blinden Flecken aufzudecken oder Mitarbeiter zur aktiveren Mitarbeit zu motivieren oder als Führungskraft selbst als eine Art Coach zu fungieren.

Ich der Überzeugung, dass Lebendigkeit und Zuversicht, gepaart mit Geduld und Humor, einen positiven Einfluss auf dem Weg zum Ziel haben und anschauliches, transparentes Coaching in offener, ungezwungener Atmosphäre hilfreich ist, um sich optimal entfalten zu können. Also echtes (Selbst-)Bewusstsein schaffen. Dann stellt sich die Umsetzung von ganz allein ein.

#15 Coach dich selbst – Meine Erkenntnisse und Potenziale

- Welche Potenziale habe ich für mich schon erkannt?
- In welchem Bereich gibt es noch welche zu entdecken?
- Was nehme ich für mich mit aus diesem Buch?
- Was möchte ich umsetzen? Wie? Wann?
- Was könnte mich davon abhalten?
- Was könnte mir dabei helfen?

NOTIZEN

NOTIZEN

»Der Erfolg deines Lebens hängt von
der Güte und Toleranz deiner Gedanken ab.«
JANA JESKE

DIE AUTOREN

David Jacob Huber

»Allein kann man vieles schaffen, im Team aber alles!«

Netzwerken, Verbindungen schaffen, gemeinsam Ziele erreichen – diese Maxime begleiten mich schon mein ganzes Leben lang. Ausgebildet zum Einzelhandelskaufmann und später zum Speditionskaufmann, entdeckte ich schon früh in meiner Karriere den enormen Vorteil von Netzwerken. In vielen Schulungen und Seminaren lernte ich, wie man verkaufen soll, wenn es nach den bekannten Trainern dieser Welt geht. Sie erklären dir das Fliegen und feilen an deiner Gesprächsführung, deiner Ausdrucksweise und pressen dich in eine Form, die dir unter Umständen nicht passt. Man sollte alles prüfen und das Gute, das man lernt, annehmen und anwenden. Immer auf der Suche nach neuen Impulsen ließ ich mich zum »Zertifizierten Changemanager und Managementtrainer« ausbilden. Aber meine Leidenschaft sind Netzwerke, in denen man mit Gleichgesinnten und »Neudenkern« Ziele gemeinsam erreicht. Die Klimaschutzagenda 20–20–20 war ein Arbeitsfeld, das mich nie wieder losgelassen hat. Viele Verkaufserfolge lassen sich auf praktische Netzwerkarbeit begründen. Seit 2011 leite ich in verantwortlicher Position einen Unternehmerverband, der Menschen verbindet und gemeinsam mit Politik und Verwaltung am Ziel »bezahlbarer Wohnraum« arbeitet. Mein Beruf: Geschäftsführer, meine Berufung: Menschen verbinden – Netzwerke gestalten.

Jana Jeske

»Netzwerken ist nicht Kontakte sammeln. Netzwerken bedeutet, nachhaltige Beziehungen zu schaffen.«

Mit Leidenschaft begleite ich Menschen und Organisationen seit über 20 Jahren bei ihrer Weiterentwicklung. Ich begleite sie in ihrer Karriereentwicklung und auf dem Weg zu zukunftsfähiger Unternehmenskultur. Als mich mein Kollege David Jacob Huber fragte, ob ich Lust hätte, an diesem Buch mitzuschreiben, war ich gleich motiviert, verkörpere ich doch selbst die Vernetzung von Menschen und gründete jüngst eine Genossenschaft für Unternehmen. Als zertifizierter Business-Coach bin ich als interaktive, Selbstbewusstsein schaffende Neudenkerin und Gestalterin tätig, um Potenzial zu entfalten. Und in diesem Zusammenhang frage ich: Gelingt Potenzialentfaltung überhaupt ohne Netzwerke? Ich bin überzeugt davon, dass es um ein Vielfaches leichter gelingt durch gleichgesinnte Wegbegleiter und Netzwerke, wenn nicht sogar nur dann. Nach über 20 Jahren Berufs- und Führungserfahrung in der Personal- und Organisationsentwicklung und Aus- und Weiterbildung habe ich meine Erfüllung im maßgeschneiderten Coaching zur Potenzialentfaltung gefunden. Kernthemen sind persönlichkeitsorientierte Potenzialanalysen, Lösung innerer Konflikte oder Blockaden, Stärkung von Führungskompetenzen und Aktivieren der Kraftressourcen zur Life-Balance. Neben Fach- und Führungskräften gehören zu meiner Zielgruppe hochsensible und hochbegabte Menschen im Business. Darüber hinaus begleite ich Unternehmen zu zukunftsfähiger Personalpolitik, unterstütze sie bei bei Themen zu Mitarbeitermotivation, Fachkräftegewinnung und Nachwuchssicherung. Seit Jahren bin ich selbst aktiv in verschiedenen Netzwerken tätig, u. a. im Coachingverband (DBVC), im regionalen UnternehmerInnen-Netzwerk und im eigens gegründeten Institut für Personalentwicklung – Zukunftsfähighoch3. Ich folge der Überzeugung von Prof. Dr. Gerald Hüther: »Wir brauchen Gemeinschaften, deren Mitglieder einander einladen, ermutigen und inspirieren, über sich hinauszuwachsen.« Mein Job: Potenzialentfalterin.